이 책을 먼저 읽어 본 어린이와 학부모님들의 이야기

[대구시] 전성윤, 전지윤 어린이 어머니

아이의 국어력이 수학력에 앞서야한다는 생각을 하게 되면서 수학 동화만이 정답이라 생각하게 되었어요. 어휘력도 키울 수 있고, 책 내용을 상기시켜 볼 수 있는 문제들도 참 맘에 들어요. 아이들이 수학책에 왜 글만 있냐고 하더군요. 아이의 이런 반응은 스토리텔링 구성이 참으로 잘 되어있어 아이들에게 잘 전달되었다는 뜻으로 봐도 좋을 것 같아요.

[인천시] 오지아 어린이 어머니

귀여운 수학 동화가 나왔네요. 재미있는 그림과 함께 쉽게 풀어갈 수 있어서 좋은 것 같아요. 학습에 꼭 맞는 스토리가 있어서 아이가 재미있어 하고 지루해 하지 않아서 좋아요.

[서울 성북구] 김재원 어린이 어머니

그림도 정감 가고 이야기가 아이들이 이해하기 쉬웠어요. 측정 부분에서 할머니를 도와주려고 동물 친구들이 등장하는 것이 귀엽고 웃기다며 아이가 좋아해요.

[서울 성동구] 이진겸 어린이 어머니

교과서가 개정되고 수학은 스토리텔링 식으로 바뀐다고 하니 엄마들이 이런 스토리텔링 수학에 관심이 많아요. 책을 많이 읽은 아이들에게는 조금 쉬울지도 모르겠어요. 정식 출간되면 꼭 읽어보고 싶어요.

[경기 용인시] 한원석 어린이 어머니

생활 속 소재를 가지고 그 안에서 수학적 개념이라든지 원리를 찾을 수 있어 아이가 부담스럽거나 어렵게 느끼지 않고 오히려 공감대를 형성하여 재미와 흥미를 유발하네요. 이야기 속에서 자연스럽게 수학을 풀 수 있어서 문제라고 생각하지 않고 퀴즈 같다고 생각하는 거 같아서 좋았어요.

[서울 마포구] 김찬영 어린이 어머니

수학 공부를 했다기보다는 재미있는 동화책을 읽고 놀이를 해보았다고 다른 책과 다르다고 하네요. 아이와 함께 직접 실험도 해보며 신기하고 즐거운 시간이었어요. 이렇게 재미난 수학책이라니!

[대전시] 오현 어린이 어머니

동화의 내용이 재미있어서 뒷이야기가 궁금해지더라구요. 책을 보면서 아이와 함께 문제를 풀고 내용 확인도 하면서 즐거운 시간이었습니다.

STEaM

스팀 수학

상상의집

이 책을 만드는 데 함께해 주신 분들!

동화

서지원

한양대학교 국문학과를 졸업하고 1989년 「문학과 비평」에 소설로 등단했습니다. 신문사 기자, 벤처 기업 대표, 출판사 편집자를 거쳐 현재 동화 작가로 활발히 글을 쓰고 있습니다. 쓴 책으로는 『빨간 내복의 초능력자』, 『몹시도 수상쩍은 과학교실』, 『즐깨감 수학일기』, 『즐깨감 과학일기』, 『어느 날 우리 반에 공룡이 전학 왔다』, 『훈민정음 구출 작전』, 『원더랜드 전쟁과 법의 심판』, 『세상 모든 철학자의 철학 이야기』, 『레 미제라블』, 『원리를 잡아라! 수학왕이 보인다』, 『개념교과서』, 『토종 민물고기 이야기』, 『귀신들의 지리공부』, 『무대 위의 별 뮤지컬 배우』, 『어린이를 위한 리더십』 등이 있습니다.

그림

명진

대학에서 디자인을 공부하였습니다. 지금은 자유로운 창작 작업을 하면서 비주얼 중심의 그래픽과 그림책 공부를 겸하고 있습니다. 그린 책으로는 『올해의 으뜸마녀 졸업생은』, 『화가는 무엇을 그릴까요?』, 『Moster Face』, 『드르렁 쿨쿨』 등이 있습니다.

문제 출제 및 감수를 해 주신 선생님들

김혜진 선생님 경기 석곶초등학교에서 어린이들을 가르치고 있습니다. 대학에서 초등교육과 유아교육을 전공하고 현재는 서울교육대학교 대학원에서 초등수학교육과 석사과정을 공부하고 있습니다. 현재 (사)전국수학교사모임 초등팀에서 수학시간을 더욱 즐겁게 하는 방법을 연구하고 있습니다.

김가희 선생님 서울 지향초등학교에서 어린이들을 가르치고 있습니다. 서울교육대학교 대학원에서 초등수학교육과 석사과정을 공부하고 있습니다. 수학을 어려워 하는 어린이들이 수학을 즐겁게 이해할 수 있게 도와줄 방법을 연구하고 있답니다.

구미진 선생님 서울 장충초등학교에서 어린이들을 가르치고 있습니다. 교원대학교에서 석사학위를 받고 싱가포르 수학교과서와 한국 수학 교과서를 비교하여 연구하였습니다. 지은 책으로는 『수학사와 수학이야기(공저)』가 있습니다.

최미라 선생님 서울 송중초등학교에서 어린 친구들을 가르치고 있습니다. 현재 서울교육대학 수학교육과 석사과정과 (사)전국수학교사모임 초등팀에서 더 쉽게 수학의 즐거움을 누릴 수 있는 방법을 열심히 연구하고 있답니다. 지은 책으로는 『사라진 모양을 찾아서』, 『스테빈이 들려주는 유리수 이야기』, 『손도장 콩콩! 놀자 규칙의 세계』, 『손도장 콩콩! 놀자 입체도형의 세계』 등이 있습니다.

김민회 선생님 서울교육대학교 수학교육과 석사과정에 있으며 서울 광남초등학교에서 아이들을 가르치고 있습니다. 방과 후 수학 영재 학급 운영, 영재교육 창의적 산출물 대회 참가 등 수학에 대한 관심이 많아 여러 활동들을 하고 있습니다. (사)전국수학교사모임 초등팀에서 더 즐겁고 재밌는 수학 공부 방법에 대해 연구하고 있지요. 지은 책으로는 『최고의 선생님이 풀어주는 수학 해설학습서』가 있습니다.

좋은 수학을 고민하는 학부모님들께

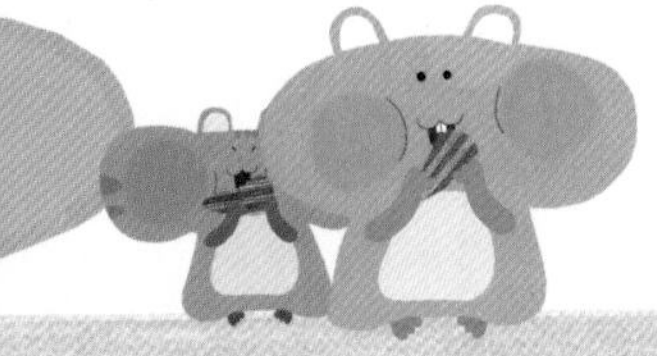

새 교과서와 함께 만드는 즐거운 〈스팀 STEAM 수학〉

2013년부터 초등학교 1, 2학년은 새로운 수학 교과서를 사용하게 됩니다. 새 교과서는 기존의 수학 교육과 달리 'STEAM 교육 이론'을 도입하여 Story-telling 방식으로 구성되어 있습니다. 요약된 학습 내용과 문제 중심의 교과서가 스토리텔링 방식의 서술과 창의 문제를 중심으로 바뀌는 것이지요.

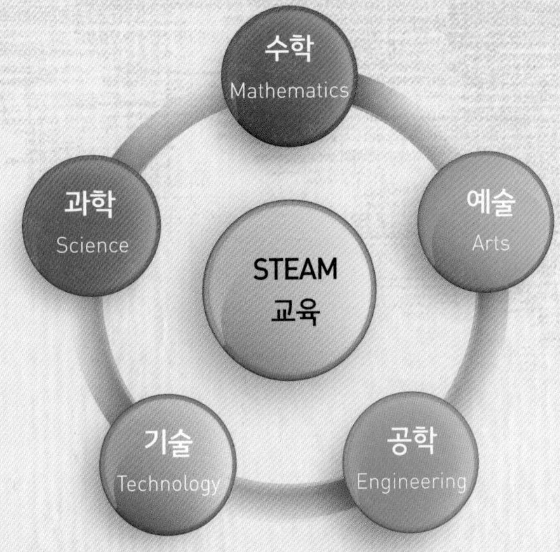

'STEAM' 이란 과학, 기술, 공학, 예술, 수학의 영어 단어의 앞 철자를 따서 부르는 말로 창의적 인재를 키우기 위해 여러 분야를 통합한 융합 교육을 의미합니다.

수학은 STEAM의 마지막 키워드로 융합 교육에서 과제 해결을 위한 도구로 사용되지요. STEAM 교육에서 수학은 다양한 분야에 녹아 있는 수학적 개념과 원리를 찾아내고 이해하는 것이 중요합니다.

계산 위주의 문제에서 풀이 과정을 중시하는 서술형 문제로 성취를 평가하는 방법도 바뀌게 됩니다. 따라서 스토리텔링 방식의 서술에서 개념을 파악하고 개념에 대한 충분한 이해를 바탕으로 한 창의적 문제 해결력과 이를 효과적으로 표현하는 서술 능력이 필요해집니다.

<1학년 스팀 STEAM 수학>은 교과서 집필진과 초등 현직 선생님들이 함께 만든 스토리텔링 수학책입니다. 수학 개념이 제대로 녹아든 재미있는 이야기와 통합교과형 창의 문제들로 수학을 즐겁게 시작할 수 있습니다. <1학년 스팀 STEAM 수학>은 어린이들에게 자기 주도 학습의 동기를 주고 더 탄탄한 수학 세계로 가는 디딤돌이 될 것입니다.

스토리텔링 동화	개념 추출과 정리	개념 문제	창의 문제
개념 이해		수학적 적용 훈련	창의력 개발

이 책의 구성과 활용

즐거운 수학 시작!

- 수학 과목에서 해당되는 분류를 안내합니다.
- 관련 교과 단원을 소개합니다.

재미있는 이야기

- 수학적 개념과 원리를 재미있는 이야기로 담아냈습니다.
- 이야기 속 개념을 짚어 줍니다.

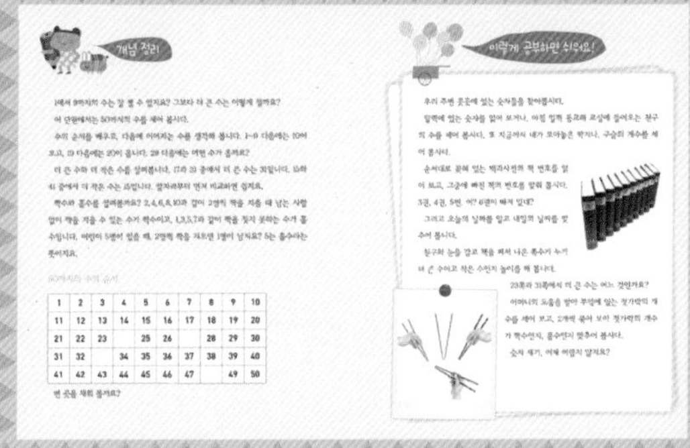

선생님과 함께하는 개념 정리

◆ 현직 초등 선생님들의 생생한 수업을 담았습니다.

◆ 개념 원리를 스스로 깨칠 수 있도록 돕습니다.
이해의 폭을 넓히는 친절한 조언을 담았습니다.

개념 튼튼, 개념 문제

◆ 현직 초등 선생님들이 직접 출제한
개념 문제를 풀어 봅시다.

◆ 스토리텔링 서술에서 수학적 개념을 도출하는
방법을 안내합니다. 최근의 평가 경향을 반영한
다양한 유형들을 소개합니다.

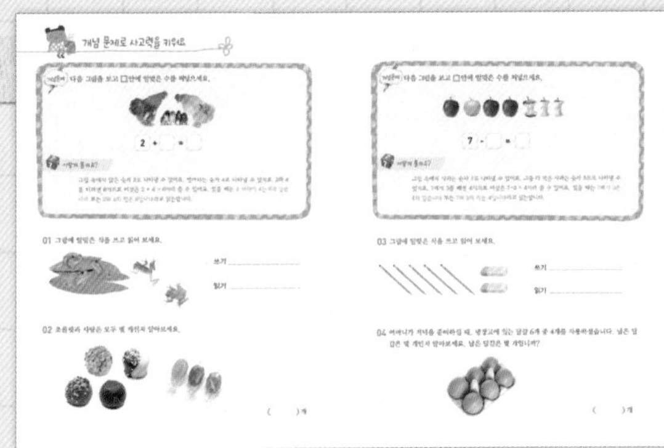

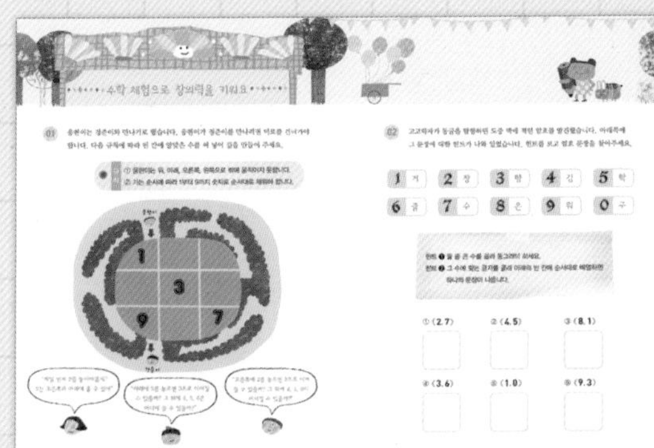

창의력 쑥쑥, 창의 문제

◆ STEAM 교육 이론을 반영한 창의 문제로
수학적 창의력을 높입니다.

◆ 놀이처럼 즐겁게 수학적 사고의 방법을
알려줍니다.

"수학을 왜 배워?"란 말은 더 이상 할 수 없을걸?

새로운 수학 교과서를 만난 어린 친구들은 행운인지도 몰라. 지금 어른들이 어린이였을 때는 수학이 지루하고 어려운 과목이라고 생각한 경우가 정말 많았거든. 공식을 달달 외우고 숫자들과 씨름할 때마다, "수학 왜 배워야 해? 생활에는 아무 쓸모없는데."라고 불평하기 일쑤였지. 하지만 수학은 우리 생활 아주 가까이에 있어. 수학적 눈으로 우리 주변을 살펴보면 우리 주변의 모든 것들이 수학과 신기한 관련이 있지. 이렇게 수학을 신 나게 익히는 방법을 연구한 많은 분들이 어린 친구들 앞에 즐거운 수학으로 가는 안내서를 내놓았어.

이 책을 읽을 때는 편안한 마음으로 이야기를 먼저 읽어 보자. 재미있는 이야기일 뿐이라고 생각했다면, <선생님과 함께하는 개념 정리>에서 놀라게 될 거야. '이야기 속에 이런 수학이 숨어 있었다니!' 그리고 이야기에서 찾아낸 개념들로 이루어진 문제를 풀어 보자. 문제라고 겁먹을 것 없어. 개념을 잘 이해하고 있다면 차근차근 따라갈 수 있는 즐거운 수수께끼니까 말야. 가끔은 신 나게 그림을 그리고 미로를 찾아가야 해. 어린 친구들은 고개를 갸우뚱거릴지도 몰라. "이게 수학이라고?" 바로 그것이 수학이야. 우리가 만나 볼 새롭고 즐거운 수학!

차례

1 수

9 까지의 수

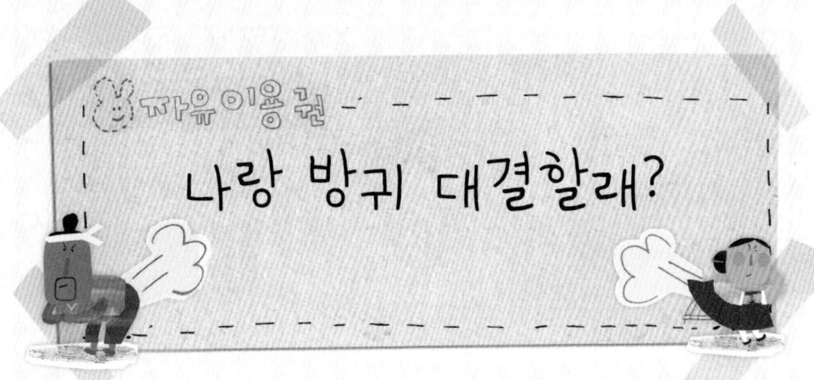

1학년 1학기 1단원 9까지의 수

1 수의 필요성 인식

2 1부터 9까지 세어보기

3 수 1, 2, 3, 4, 5 개념 이해하기

4 1부터 5까지 수의 순서 알아보기

5 하나 더 많은 것과 하나 더 적은 것 알아보기

6 하나 더 적어지는 상황을 통해 수 0 알아보기

7 수 6, 7, 8, 9 개념 이해하기

8 9까지의 수의 순서 알아보기

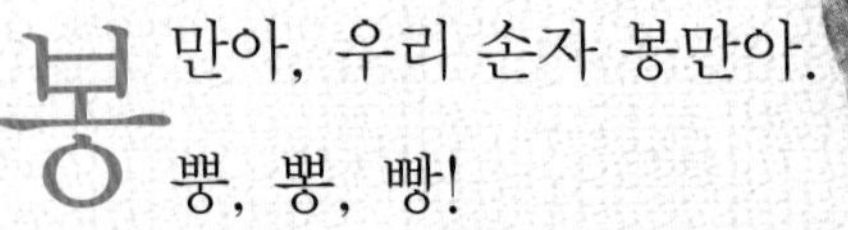

봉만아, 우리 손자 봉만아.
뽕, 뽕, 빵!
할머니가 방귀 뀐다고 놀렸지?
할머니를 방귀쟁이라고 놀렸지?
하지만 할머니 방귀는 꿀 방귀란다.
할머니 방귀는 복을 가져다준 복 방귀란다.
할머니는 방귀 덕분에 영웅이 됐단다.
할머니한테 방귀 얘기 좀 들어볼래?
봉만아, 예쁜 손자 봉만아.
할머니는 예쁘고 얌전한 색시였단다.
인기가 아주 좋았지.
결혼하자고 남자들이 날마다 찾아왔지.
나는 멋진 신랑이랑 결혼했단다.
그 신랑이 바로 너희 할아버지란다.
그런데 나는 걱정이 있었지.
아무에게도 말하지 않은 걱정이었지.

시집을 오고, 1년이 지나고
2년이 지나고 3년이 지났단다.
나는 얼굴이 노랗게 변했단다.
시아버지께서 물었단다.
"우리 아가, 어디 아픈 게냐?"
"아니에요, 아버님. 아무 일도 아니에요."
시어머니께서 물었단다.
"우리 아가, 어디 안 좋은 거냐?"
"아니에요, 어머님, 아무렇지도 않아요."
하지만 내 배는 남산만큼 불러오고,
내 얼굴은 은행잎처럼 노랗게 변해갔단다.

숫자를 순서대로 세어볼까요?

1, 2, 3, 4, 5, 6, 7, 8, 9

일, 이, 삼, 사, 오, 육, 칠, 팔, 구

"아무래도 이상해. 우리 며느리가 이상해."

시아버지는 고개를 갸웃갸웃.

"아기를 가진 건가? 배 속에 아기가 있는 건가?"

시어머니도 고개를 갸우뚱갸우뚱.

시아버지가 나를 불러 물었단다.

"아가, 숨기지 말고 말해 보렴. 무슨 일이 있는 게냐?"

"아버님, 사실은요, 제가 방귀를 뀌지 못해서 그래요.

3년 동안 방귀를 참았더니 배 속에 꽉 차서 그래요."

"어이구, 우리 며느리, 그깟 방귀 뀌면 되지.

무슨 방귀를 못 뀌어 병이 다 나느냐."

시아버지는 내가 방귀 뀌는 걸 허락했단다.

"그런데 아버님, 제 방귀는 보통 방귀가 아니에요.

아주, 아주 센 방귀라서 함부로 뀔 수가 없어요."

"괜찮다, 괜찮아. 방귀가 세 봐야 얼마나 세겠느냐."

“아버님, 제 방귀는 사람이 날아갈 정도예요.”

“설마! 세상에 그런 방귀가 어디 있느냐!”

시아버지는 괜찮다면서 방귀를 뀌라고 했단다.

나는 엉덩이에 힘을 주고 방귀를 시원하게 뀌었단다.

뽀웅.

1번 뀌자, 방문에 구멍이 하나 뻥하고 났단다.

뿌웅.

2번 뀌자, 밥상이 휙 하고 날아갔단다.

뿌앙.

3번 뀌자, 시아버지가 기둥을 붙잡고 빙빙 돌았단다.

빠앙.

4번 뀌자, 시어머니가 부엌에서 밥을 하다가

솥뚜껑 꼭지를 쥐고 빙빙 돌았단다.

뻐엉.

5번 뀌자, 신랑이 나뭇짐을 지고 들어오다가

하늘로 쑥 날았다가 털썩 떨어졌단다.

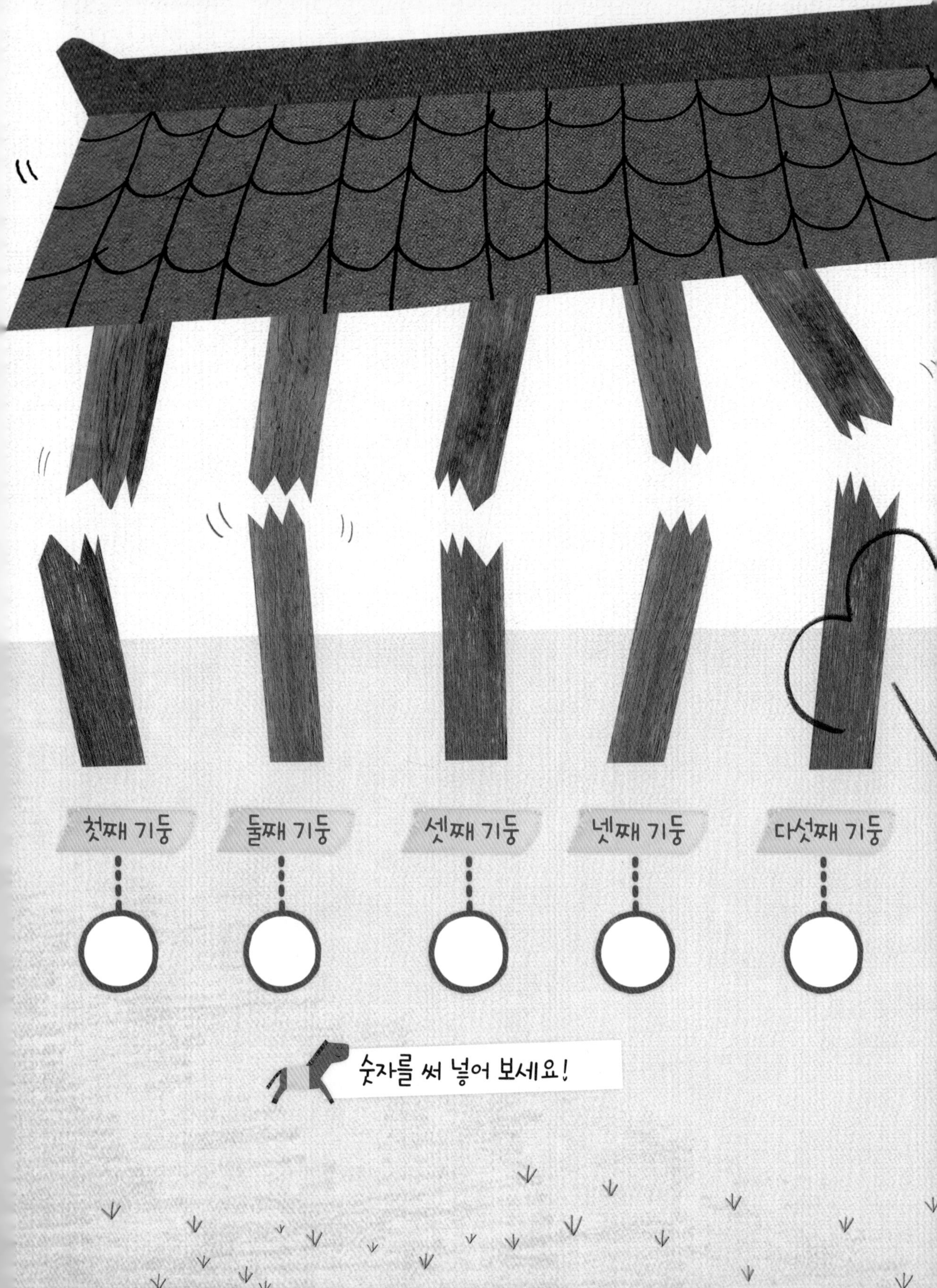
첫째 기둥
둘째 기둥
셋째 기둥
넷째 기둥
다섯째 기둥
숫자를 써 넣어 보세요!

흔들흔들, 지붕이 흔들흔들.
흔내 방귀가 얼마나 센지 집이 흔들거렸단다.

방귀를 1번 뀌자, 첫째 기둥이 뚝 부러지고

방귀를 2번 뀌자, 둘째 기둥이 뚝 부러지고

방귀를 3번 뀌자, 셋째 기둥이 뚝 부러지고

방귀를 4번 뀌자, 넷째 기둥이 뚝 부러지고

방귀를 5번 뀌자, 다섯째 기둥이 뚝 부러졌단다.

"집이 무너진다! 모두 도망쳐라!"

시아버지가 소리쳤단다.

가족들이 모두 부리나케 도망쳤단다.

우당탕탕.

지붕이 내려앉더니 집이 와르르 무너졌단다.

“어이구, 저런 며느리를 두었다가는 집안이 망하겠소.”

시어머니는 걱정이 돼 한숨을 쉬었단다.

“아가야, 친정으로 도로 가거라. 내가 데려다 주마.”

나는 시아버지를 따라 친정으로 가게 됐단다.

1
9까지의 수

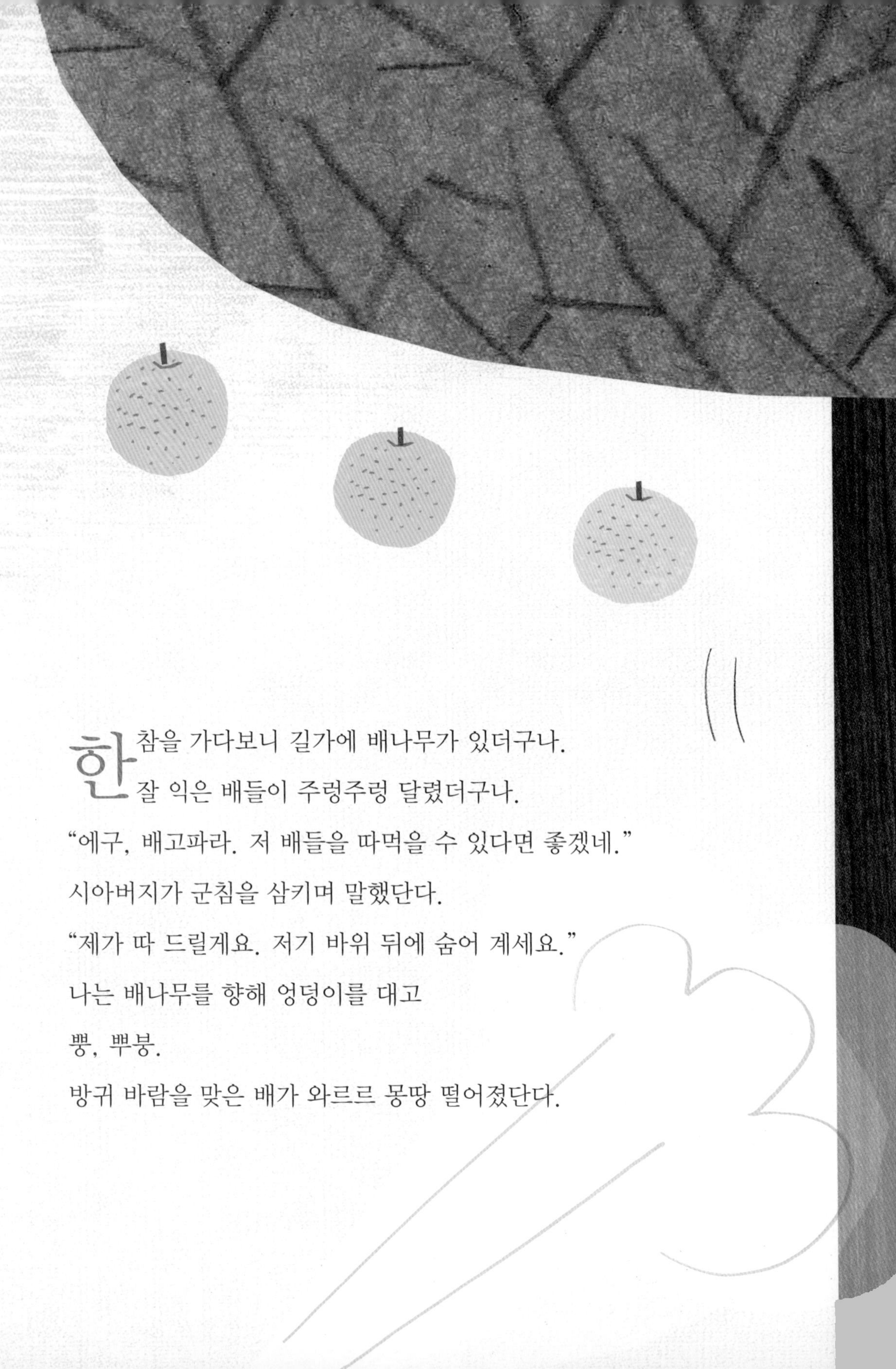

한참을 가다보니 길가에 배나무가 있더구나.
잘 익은 배들이 주렁주렁 달렸더구나.

"에구, 배고파라. 저 배들을 따먹을 수 있다면 좋겠네."

시아버지가 군침을 삼키며 말했단다.

"제가 따 드릴게요. 저기 바위 뒤에 숨어 계세요."

나는 배나무를 향해 엉덩이를 대고

뿡, 뿌붕.

방귀 바람을 맞은 배가 와르르 몽땅 떨어졌단다.

"오호라, 네 방귀가 쓸 데가 있구나!"
나는 배를 주워 시아버지를 대접했단다.
"1보다 하나 더 많으니 둘."
"둘보다 하나 더 많으니 셋."
"셋보다 하나 더 많으니 넷."
"넷보다 하나 더 많으면 몇 개인가요?"
"다섯이로구나. 배가 다섯 개로구나."
우리는 배가 터지도록 배를 먹었단다.

한참을 가다보니 꿀 장수가 있더구나.
달콤한 꿀이 한 가득이로구나.

"에구, 저 꿀을 한입 먹을 수 있다면 좋겠네."

시아버지가 군침을 삼키며 말했단다.

"제가 드릴게요. 조금만 기다리세요."

나는 꿀 장수에게 다가가 내기를 걸었단다.

"꿀 장수 양반, 꿀 장수 양반,
저기 감나무에 매달린 저 감을 손 안 대고 따는 내기를 하시겠소?"

"어허, 손 안 대고 어떻게 감을 딸 수 있단 말이오?"

"꿀 장수 양반, 내가 감나무의 감을
손 대지 않고 몽땅 딴다면 그 꿀을 내게 주시오."

"좋소. 한번 해보시오."

나는 감나무를 향해 엉덩이를 대고 방귀를 뀌었단다.

빵, 빠방.

방귀 바람을 맞은 감이 후드득 떨어지기 시작했단다.

"감이 몇 개 남았습니까?"

"하나, 둘, 두 개가 남았소."

빵, 빠방.

“감이 몇 개 남았습니까?”

“한 개가 남았소.”

빵, 빠방.

“감이 몇 개 남았습니까?”

“하나도 없소. 다 떨어지고 0이요.”

나는 꿀을 받아 시아버지를 대접했단다.

“오호, 며느리 방귀가 꿀 방귀로구나!”

시아버지는 나를 데리고 다시 집으로 돌아왔단다.
내가 방귀를 잘 뀐다는 소문이 널리 퍼졌단다.
어느 날 키가 큰 장사가 찾아왔단다.
"이 집에 방귀쟁이 며느리가 있소?"
"댁은 누구십니까?"
"나는 경상도에서 온 방귀 대장 김 서방이오.
방귀쟁이 며느리와 방귀 대결을 하려고 찾아왔소.
나보다 더 세게 뀐다면 큰돈을 내겠소."
나는 방귀 대장 김 서방이랑 방귀 대결을 시작했단다.

김 서방이 엉덩이를 내밀고 방귀를 뀌었단다.

"뽕, 빵, 빵, 뿡, 뽕, 빵, 빵, 뿌앙."

"하나, 둘, 셋, 넷, 다섯, 여섯, 일곱, 여덟."

벽에 구멍이 여덟 개가 뚫렸단다.

"겨우 그 정도 방귀 실력으로 대결을 하자고 했나요?"

내가 엉덩이를 내밀고 방귀를 뀌었단다.

"뽕, 빵, 빵, 뿡, 뽕, 빵, 빵, 뿡, 뿌앙."

"하나, 둘, 셋, 넷, 다섯, 여섯, 일곱, 여덟, 아홉!"

들판에서 풀을 뜯던 황소 아홉 마리가

하늘로 날아올라가 나무에 걸렸단다.

"다시 합시다. 한 번 더 합시다."

방귀 대장 김 서방이 방귀 대결을 하자고 졸랐단다.

김 서방이 '빵'하고 방귀를 뀌자

절구통이 휙 날아왔단다.

내가 '뿡'하고 방귀를 뀌자

절구통이 휙 날아갔단다.

방귀를 뀔 때마다

절구통이 날아갔다 날아왔다,

구경하는 사람들 고개도 왔다갔다.

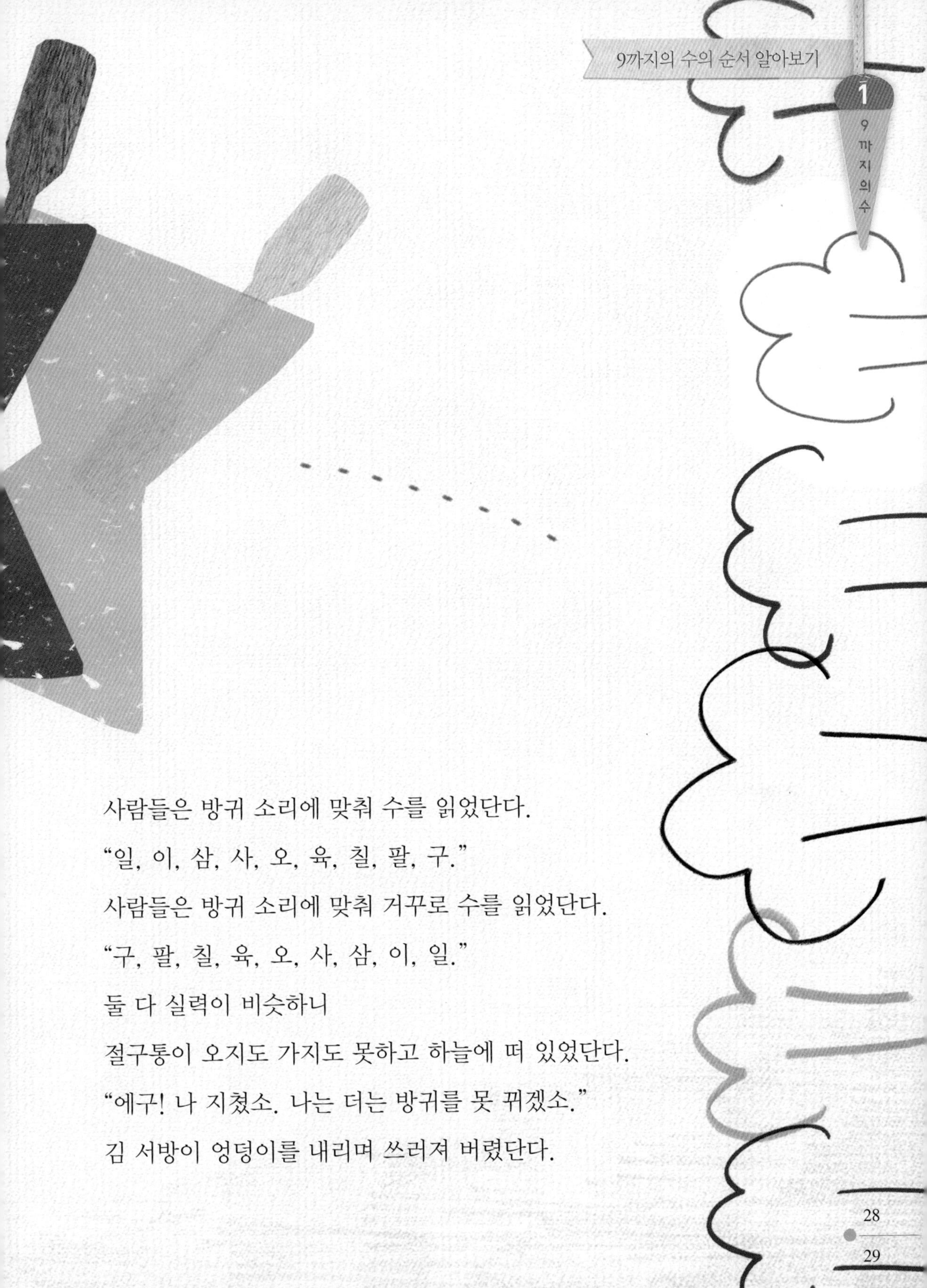

사람들은 방귀 소리에 맞춰 수를 읽었단다.

"일, 이, 삼, 사, 오, 육, 칠, 팔, 구."

사람들은 방귀 소리에 맞춰 거꾸로 수를 읽었단다.

"구, 팔, 칠, 육, 오, 사, 삼, 이, 일."

둘 다 실력이 비슷하니

절구통이 오지도 가지도 못하고 하늘에 떠 있었단다.

"에구! 나 지쳤소. 나는 더는 방귀를 못 뀌겠소."

김 서방이 엉덩이를 내리며 쓰러져 버렸단다.

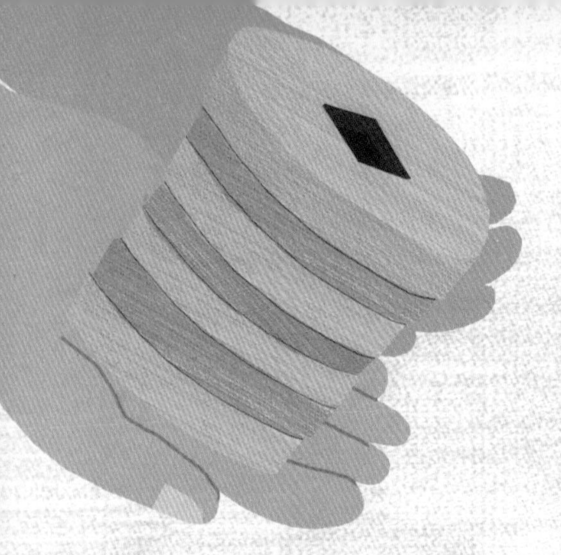

나는 방귀 대결에서 이겨서 큰돈을 벌었단다.
우리 가족은 모여서 돈을 셌단다.

"아들아, 돈이 얼마나 되느냐?"

"하나, 둘, 셋, 넷, 다섯, 여섯, 일곱, 여덟! 여덟입니다."

"아가야, 돈이 얼마나 되느냐?"

"일곱입니다."

"여보, 며느리보다 하나 더 적으면 몇 개예요?"

"하나, 둘, 셋, 넷, 다섯, 여섯! 여섯이오."

우리 가족은 부자가 된 기분이었단다.

"하하, 며느리 방귀는 복 방귀로구나."

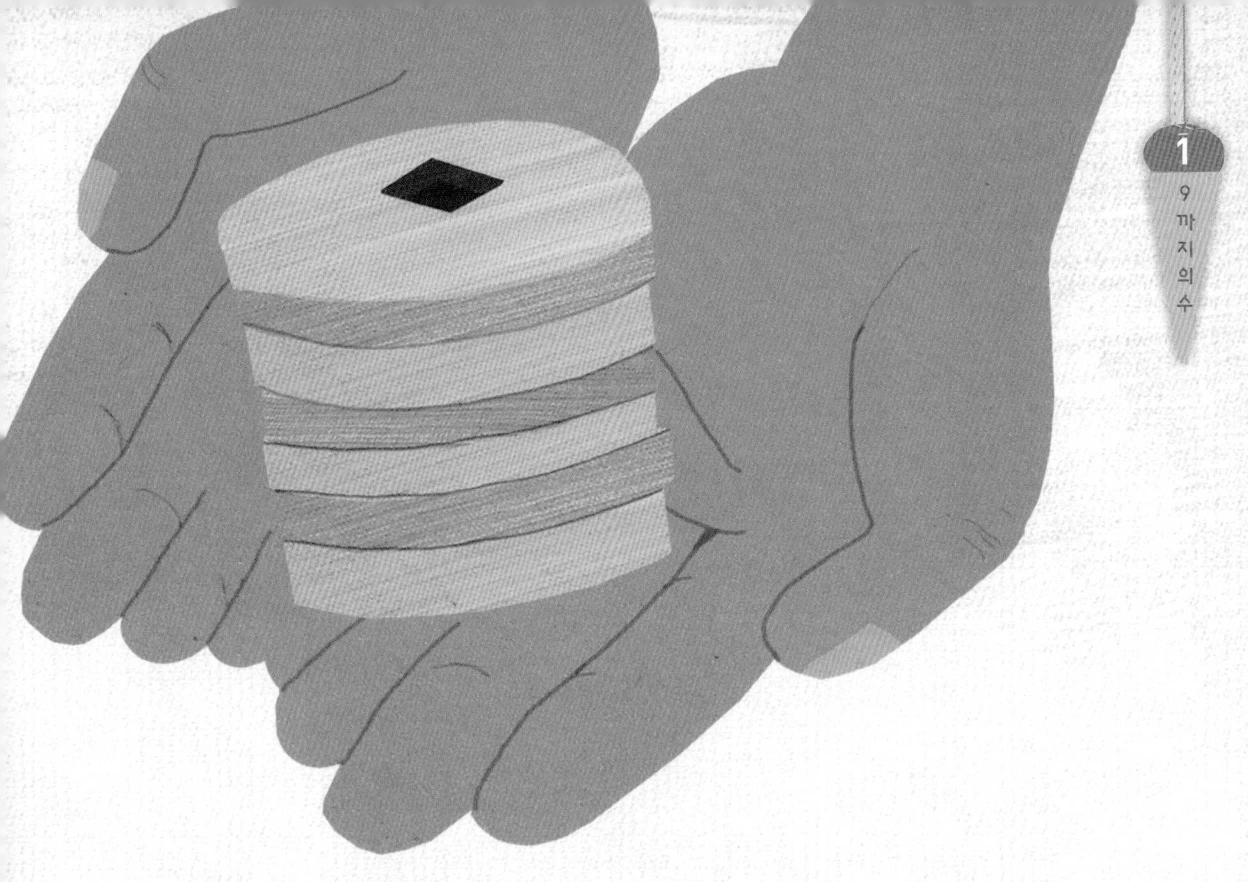

그날 밤, 우리 집에 도둑이 들었지 뭐냐.

도둑은 돈을 훔치려고 몰래 창문을 넘더구나.

나는 방귀를 막으려고 잠을 잘 때에는 엉덩이에 팽이를 끼워둔단다.

도둑이 돈을 갖고 막 나가려고 할 때

나는 엉덩이에서 팽이를 뺐단다.

뻥, 뿡, 빠빵!

팽이가 휙 날아가 도둑을 때렸단다.

"어이쿠, 아야!"

도둑이 깜짝 놀라 돈을 팽개치고 도망치더구나.

봉만아, 우리 손자 봉만아.
할머니가 방귀 뀐다고 놀렸지?
할머니를 방귀쟁이라고 놀렸지?
하지만 할머니 방귀는 꿀 방귀란다.
할머니 방귀는 복 방귀란다.

봉만이도 방귀를 잘 뀐다고?

방귀를 얼마나 잘 뀌는지 할머니랑 대결해 볼까?

우리 주위에서 많은 숫자를 볼 수 있어요.

1, 2, 3, 4, 5, 6, 7, 8, 9는 우리 주위에서 흔하게 볼 수 있지요. 전화번호, 우리집 주소, 물건 가격과 같이 일상생활에서 흔하게 숫자를 사용하고 있답니다.

이 숫자들은 두 개의 이름을 가지고 있어요.

숫자는 순서대로 하나, 둘, 셋, 넷, 다섯, 여섯, 일곱, 여덟, 아홉이라고 셀 수 있답니다. 또다른 이름은 일, 이, 삼, 사, 오, 육, 칠, 팔, 구가 있어요.

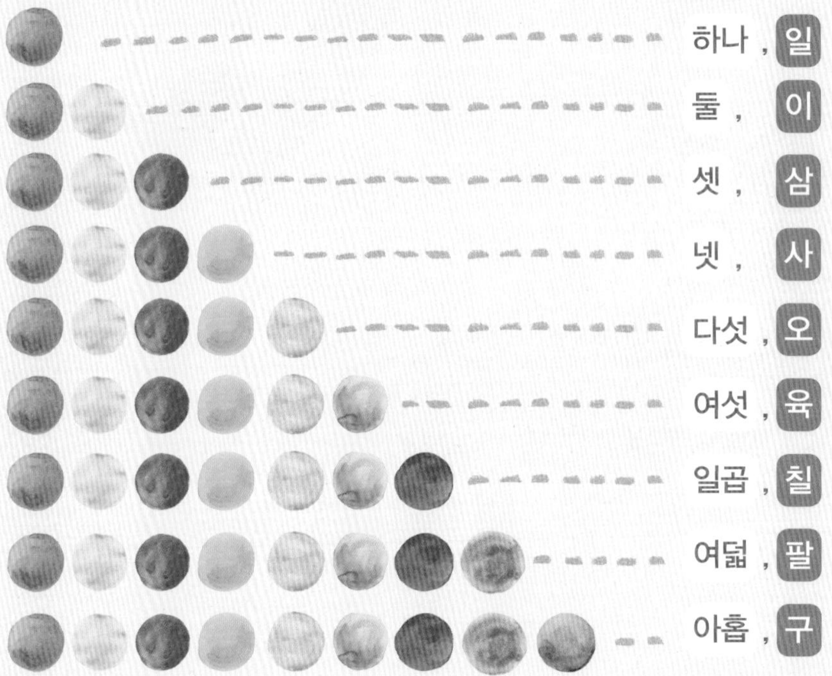

숫자의 두 가지 이름을 불러볼까요? '하나, 둘, 셋, 넷, 다섯, 여섯, 일곱, 여덟, 아홉' 또 다른 경우에는 '일, 이, 삼, 사, 오, 육, 칠, 팔, 구' 라고 부른답니다. 그림을 보고 숫자의 이름을 정해줄 때는 처음부터 차례대로 세면서 이름을 정해주면 돼요. 예를 들어 '●●●●●'는 수의 이름을 지을 때 하나, 둘, 셋, 넷, 다섯. '다섯'이라고 할 수 있어요. 아니면 일, 이, 삼, 사, 오. '오'라고 부를 수도 있지요.

수가 아닌 순서를 셀 때는 '하나, 둘, 셋' 이라는 이름에 '째'라는 말을 붙여서 사용한답니다. 순서대로 첫째, 둘째, 셋째, 다섯째, 여섯째, 일곱째, 여덟째, 아홉째라고 하지요.

1, 2, 3, 4, 5, 6, 7, 8, 9를 차례대로 쓸 때 앞에 있는 수는 뒤에 있는 수보다 작아요. 반대로 뒤에 있는 수는 앞에 있는 수보다 크지요. 예를 들면 2는 4보다 작습니다. 반대로 4는 2보다 크지요.

숫자를 1, 2, 3, 4, 5, 6, 7, 8, 9 순서대로 놓았을 때 하나 앞에 있는 수는 1 작은 수랍니다. 반대로 하나 뒤에 있는 수는 1 큰 수이지요.

그러면 3보다 1 큰 수는 무엇일까요?

또 7보다 1 작은 수는 몇일까요?

개념 문제로 사고력을 키워요

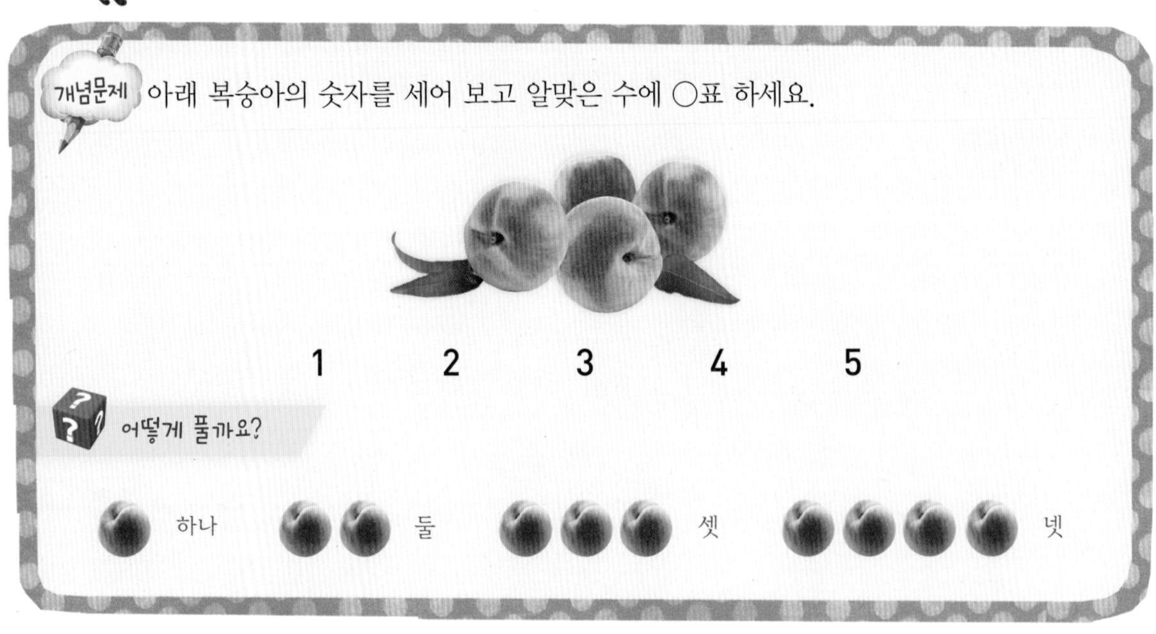

01 다음 그림을 수와 순서에 맞게 선으로 이어보세요.

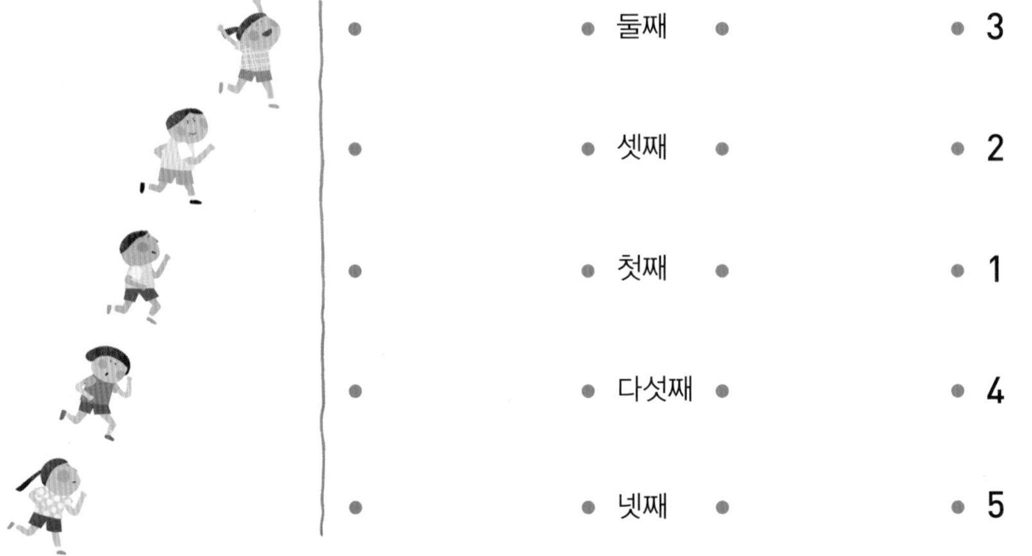

02 미진이는 사과를 3조각 먹었습니다. 영수는 사과 5조각을 먹었습니다. 사과를 더 많이 먹은 사람은 누구입니까?

(　　　　　)

개념문제 다음 그림에서 물고기는 모두 몇 마리인지 세어 보세요.

(　　　　) 마리

어떻게 풀까요?

하나　둘　셋　넷

다섯　여섯　일곱　여덟

03 고양이 수를 세어 (　　) 안에 써 넣고, 알맞은 말에 ○표 하세요.

(　　　　)　　　　(　　　　)

● 5는 4보다 (큽니다, 작습니다)

04 현세는 1주일 동안 책을 7권 읽었습니다.
보람이는 1주일 동안 현세보다 책을 1권 더 읽었습니다.
보람이가 1주일 동안 읽은 책은 몇 권일까요?

(　　) 권

01 웅현이는 경준이와 만나기로 했습니다. 웅현이가 경준이를 만나려면 미로를 건너가야 합니다. 다음 규칙에 따라 빈 칸에 알맞은 수를 써 넣어 길을 만들어 주세요.

규칙

① 웅현이는 위, 아래, 오른쪽, 왼쪽으로 밖에 움직이지 못합니다.

② 1부터 9까지 가는 순서에 따라 숫자를 채워야 합니다.

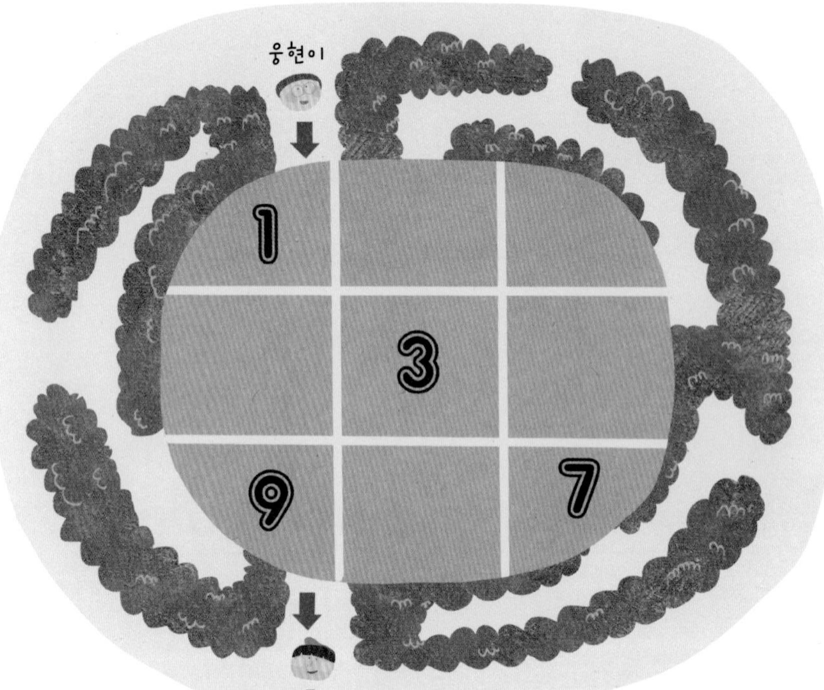

제일 먼저 2를 놓아야겠지? 2는 오른쪽과 아래에 올 수 있어.

아래에 2를 놓으면 3으로 이어질 수 있을까? 그 뒤에 4, 5, 6은 어디에 쓸 수 있을까?

오른쪽에 2를 놓으면 3으로 이어질 수 있을까? 그 뒤에 4, 5, 6이 이어질 수 있을까?

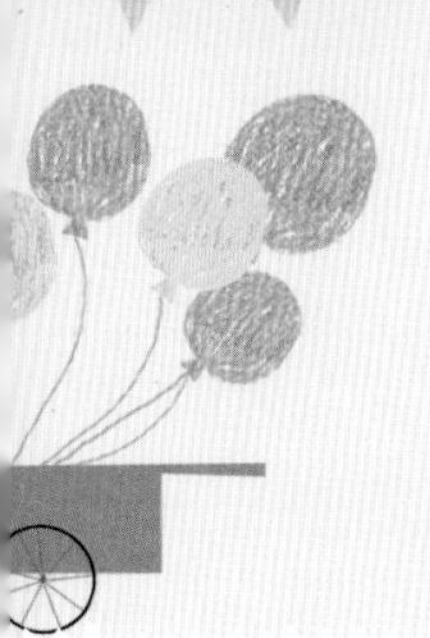

02 고고학자가 동굴을 탐험하던 도중 벽에 적힌 암호를 발견했습니다. 아래쪽에 그 문장에 대한 힌트가 나와 있었습니다. 힌트를 보고 암호 문장을 찾아주세요.

1	거	2	장	3	향	4	김	5	학
6	즐	7	수	8	은	9	워	0	구

힌트 ❶ 둘 중 큰 수를 골라 동그라미 하세요.

힌트 ❷ 그 수에 맞는 글자를 골라 아래의 빈 칸에 순서대로 배열하면 하나의 문장이 나옵니다.

① (2, 7)

② (4, 5)

③ (8, 1)

④ (3, 6)

⑤ (1, 0)

⑥ (9, 3)

2 수

50까지의 수

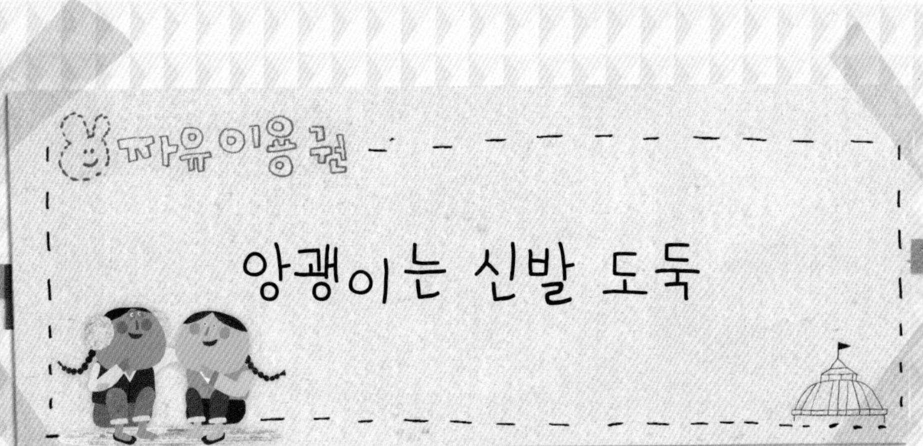

1학년 1학기 5단원 50까지의 수

1 수 세기 능력 점검

2 10을 이해하기

3 10 몇을 이해하기

4 10묶음과 낱개로 몇 십과 몇 십 몇을 이해하기

5 50까지의 수의 순서를 이해하기

6 두 수의 크기를 비교하기

7 짝수와 홀수 이해하기

귀신이 온대요.
신발 귀신이 온대요.
이름은 앙괭이래요.
어떻게 생겼는지는 몰라요.
하지만 언제 오는지는 알지요.
바로 설날 밤에 온대요.
무서울까요?
겁이 날까요?
돌이도 앙괭이가 무서웠어요.
무시무시한 귀신이니까요.
그런데요, 돌이가 귀신이랑 친구가 됐어요.
돌이가 어떻게 귀신이랑 친구가 됐냐고요?
이제부터 들어 보실래요?

설날 아침이 밝았어요.
"까치 까치 설날은 어저께고요,
우리 우리 설날은 오늘이래요."
돌이는 신이 나서 노래가 절로 나왔어요.
온 가족이 모여 차례를 지내고 떡국을 먹었어요.
돌이는 할아버지와 어른들에게 세배를 했답니다.
그러자 세뱃돈을 복주머니 한가득 주지 뭐예요?

"돌이야, 세뱃돈 얼마 받았니?"

"1, 2, 3, 4, 5, 6, 7, 8, 9.

그 다음이 뭐였더라?

9 보다 1 더 많은 게 뭐더라?"

돌이는 손가락으로 세고, 또 셌답니다.

9보다 1큰 수는 10이에요.

10은 십 또는 열이라고 읽어요.

어느덧 밤이 되었어요.
할아버지가 쉿, 하고 말했어요.

"돌아, 조용히 해라.
오늘 밤에는 앙괭이가 온단다."

"앙괭이가 누군데요?"

"앙괭이는 신발 귀신이란다.
오늘 밤에 앙괭이가 신발을 훔치러 온단다.
앙괭이는 이 신발 저 신발 신어보고,
자기 발에 맞는 신발이 있으면 신고 간단다.
앙괭이가 신발을 신고 가면 신발 주인에게 나쁜 일이 생긴단다."

돌이는 무서워서 머리카락이 쭈뼛!

"앙괭이가 제 신발을 훔쳐 가면 어떻게 해요?"

"안 되지, 안 돼. 우리 돌이 신발을 훔쳐 가면 안 되지."

할아버지와 돌이는 신발을 다락에 숨겨놓기로 했어요.

"돌아, 신발이 모두 몇 켤레지?"

"1, 2, 3, 4, 5, 6, 7, 8, 9, 10, 11
그리고 하나 더 많으니까 12켤레예요."

"10과 2가 있으니까 12로구나."

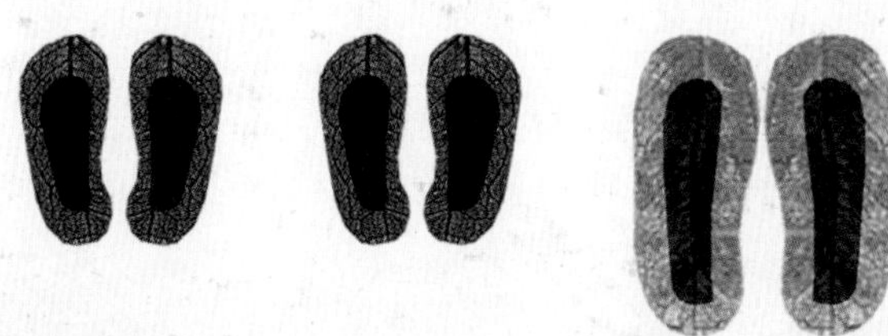

돌이는 앙괭이가 나올까 봐 이불 속으로 쏘옥.
그러자 어느새 잠이 솔솔. 돌이는 깊은 잠에 푹 빠졌어요.

그런데요, 그날 밤에 정말 앙괭이가 나타났어요!

앙괭이는 두리번두리번 돌이 집 마당을 돌아다녔어요.

"신발이 어디 있지? 신발이 어디 있는 거야?"

그런데요, 그때 돌이가 잠을 자다가 깨어났어요.

"아, 배 아파. 떡국을 너무 많이 먹었나 봐."

돌이는 화장실에 가려고 마당으로 나왔어요.

쑴풍, 쑴풍, 풍당, 쏭당.

돌이는 시원하게 응가를 했어요.

방에 들어오려고 하는데, 어떤 아이가 서 있는 거예요.

"누구야? 여기서 뭘 하는 거야?"

돌이가 물었어요.

"구멍을 세고 있지. 난 구멍 세는 걸 좋아하거든.

1, 2, 3, 4, 5, 6, 7, 8, 9, 10,

11, 12, 13, 14, 15, 16, 17, 18, 19.

그리고 1개 더 있으니까 20개구나."

그 아이는 벽에 난 구멍을 보며 말했어요.

20은 '이십'이라고 읽어요. '스물'이라고도 해요.

10이 두 개 있으니 20이에요.

20 이십, 스물　　30 삼십, 서른
40 사십, 마흔　　50 오십, 쉰

1 2 3 4 5 6 7 8 9 10

11 12 13 14 15 16 17 18 19 20

21 22 23 24 25 26 27 28 29 30

31 32 33 34 35 . . . . . .

. . . . 50

"아, 발 시리다. 발이 꽁꽁 어는 것 같아."

그 아이가 말했어요.

돌이는 아이의 발을 내려다봤어요.

그런데 그 아이는 맨발이지 뭐예요?

"신발이 신고 싶어. 내 발에 딱 맞는 신발 없을까?"

그 아이가 말했어요.

"신발 없는데……. 앙괭이가 온다 해서 신발을 모두 감춰 뒀는데……."

"흑흑흑. 나도 신발이 신고 싶은데."

그 아이는 쪼그리고 앉아 울었어요.

돌이는 신발 한쪽을 그 아이에게 주었어요.

"넌 이름이 뭐니?"

"내 이름은 야광이야."

"난 이름이 돌이야. 우리 이제 친구하자."

돌이는 야광이랑 새끼손가락을 걸었답니다.

"난 수 세는 걸 아주 좋아한다!"

"얼마까지 셀 줄 아는데?"

"난 50까지 셀 줄 안다!"

"와! 대단하다!"

돌이는 야광이랑 1부터 50까지 빨리 세기 대결을 했어요.

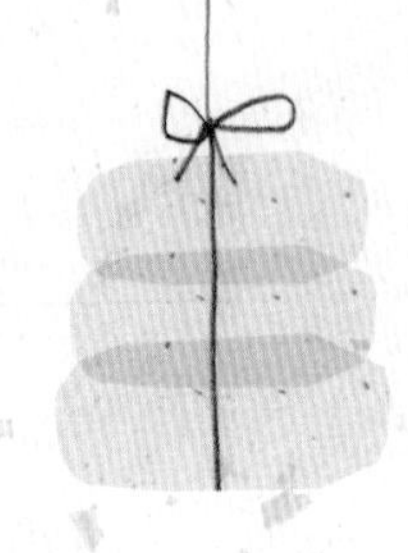

꼬끼오! 꼬끼오 꼬꼬!
어느덧 새벽이 되고, 닭이 울었어요.
그러자 야광이는 눈 깜짝할 사이에 사라졌어요.
돌이는 이상하다고 생각하고는
방에 들어가 잠을 잤답니다.
"에취, 에에취."
아침에 일어났을 때 돌이는 열이 났어요.
"에구, 우리 돌이가 감기에 걸렸구나."
"어젯밤에 친구랑 수 세기 대결을 했거든요."
"그 친구가 누군데?"
"이름이 야광인데요. 수 세는 걸 정말 좋아해요."
"어이쿠! 야광이라고? 야광이 바로 앙괭이란다!
앙괭이가 돌이 신발을 가져가서
돌이가 감기에 걸린 거로구나! 쯧쯧쯧."
할아버지는 혀를 찼답니다.
돌이는 깜짝 놀랐어요.
하지만 무섭지는 않았어요.
야광이가 또 보고 싶기도 했어요.

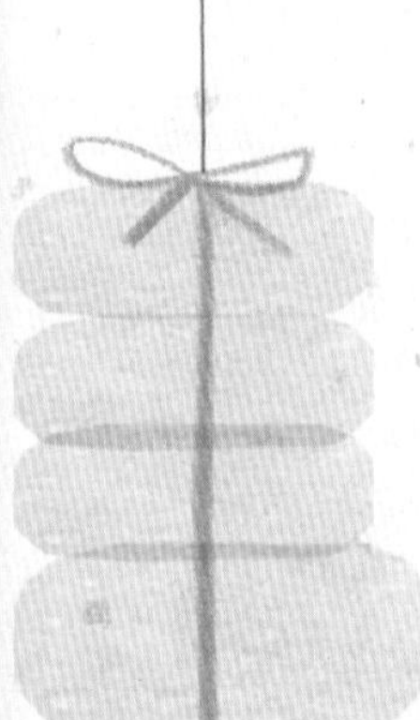

할아버지는 처마 밑에 체를 두 개 걸어두었어요.
"앙괭이는 체를 걸어두면 신발을 못 훔쳐간단다."
그날 밤, 돌이는 잠자는 척하면서 마당을 내다봤어요.
깊은 밤 누가 찾아왔어요.
바로 앙괭이였어요.
앙괭이가 두리번두리번 신발을 찾으러 다녔어요.
"야광아! 어서 와!"
돌이는 마당으로 성큼 나갔어요.
앙괭이는 할아버지가 걸어둔 체를 쳐다보며 웃었어요.
"와, 체가 걸려 있네. 구멍이 많은 체가 걸려 있네!
난 구멍 세는 걸 정말 좋아하는데!"
"우리 같이 체 구멍 세기 해볼래?"
"좋아! 오늘은 꼭 이길 테다!"
"1, 2, 3, 4, 5, 6, 7, 8, 9, 10,
11, 12, 13, 14, 15, 16, 17, 18, 19, 20, 21."
"1, 2, 3, 4, 5, 6, 7, 8, 9, 10,
11, 12, 13, 14, 15, 16, 17, 18, 19, 20, 21, 22, 23."

"어느 게 더 많은 거지?"
"한 개씩 연결해 보면 알 수 있지. 남는 쪽이 더 많은 거야."

"야광아, 발 시리지?"

돌이는 앙괭이에게 물었어요.

"응, 발 시려. 나도 신발이 신고 싶어."

앙괭이가 발을 동동거리며 대답했어요.

"그런데 우리 할아버지가 널 귀신이라고 하던데!

귀신이라서 신발 훔쳐 가면 나쁜 일이 생긴대!"

"아니야. 안 훔쳐갈게.

조금만, 아주 조금만 신어 볼게."

앙괭이가 돌이에게 부탁했어요.

돌이는 다락으로 올라가 신발을 가져왔어요.

"신발은 둘씩 짝을 지어야 하는 거야."

"2, 4, 6, 8, 10, 12…….

둘씩 짝을 짓는 걸 짝수라고 하던데!

1, 3, 5, 7, 9, 11…….

둘씩 짝을 지을 수 없는 수는 홀수라고 하던데!"

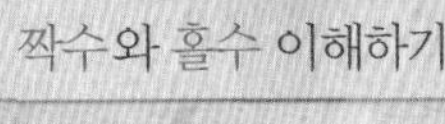

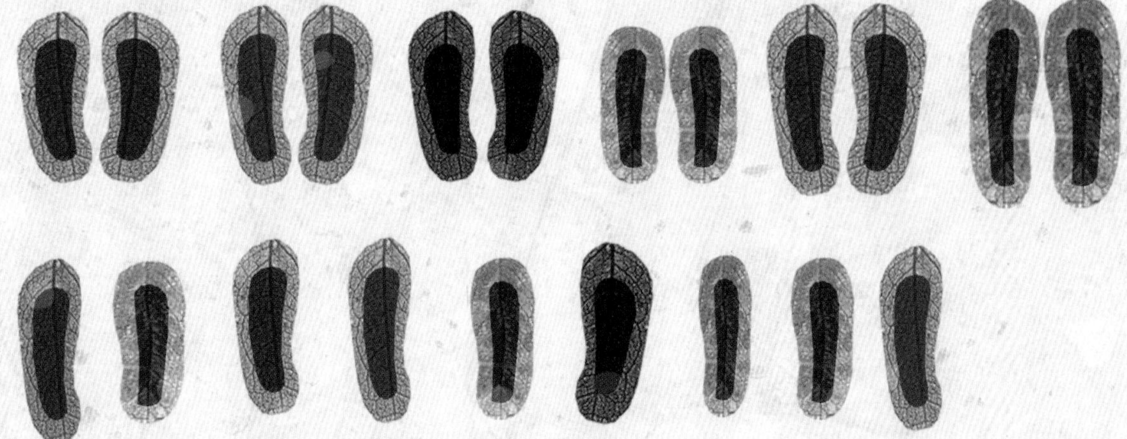

"아하, 짝을 지을 수 없어서 홀로 남아서 홀수구나."
앙괭이랑 돌이는 신발을 나눠 신었답니다.
앙괭이는 신이 나서 폴짝폴짝.
돌이도 즐거워서 펄쩍펄쩍.

"돌이야, 해가 뜨려고 해. 이제 난 가야 해."

"어디? 어디로 가는데?"

"저기 아주 저기 멀리 북두칠성 너머로 가야 해."

"언제? 언제 오는데?"

"네가 한 살 더 먹고, 1년 지나고."

"꼭 와야 해!"

돌이랑 앙괭이는 인사하고 헤어졌답니다.

다음 날 아침, 신발이 가지런히 놓여 있었어요.

돌이가 잃어버린 신발 한 짝도 놓여 있었고요.

돌이도 하루 만에 감기가 다 나아 버렸답니다.

"아, 야광이랑 또 수세기 대결하고 싶다!"

선생님과 함께하는 개념 정리

1에서 9까지의 수는 잘 셀 수 있지요? 그보다 더 큰 수는 어떻게 셀까요?

이 단원에서는 50까지의 수를 세어 봅시다.

수의 순서를 배우고, 다음에 이어지는 수를 생각해 봅니다. 9 다음에는 10이 오고, 19 다음에는 20이 옵니다. 29 다음에는 어떤 수가 올까요?

더 큰 수와 더 작은 수를 살펴봅니다. 17과 31 중에서 더 큰 수는 31입니다. 15와 41 중에서 더 작은 수는 15입니다. 앞자리부터 먼저 비교하면 쉽지요.

짝수와 홀수를 살펴볼까요? 2, 4, 6, 8, 10과 같이 2명씩 짝을 지을 때 남는 사람 없이 짝을 지을 수 있는 수가 짝수이고, 1, 3, 5, 7과 같이 짝을 짓지 못하는 수가 홀수입니다. 어린이 5명이 있을 때, 2명씩 짝을 지으면 1명이 남지요? 5는 홀수라는 뜻이지요.

50까지의 수의 순서

1	2	3	4	5	6	7	8	9	10
11	12	13	14	15	16	17	18	19	20
21	22	23		25	26		28	29	30
31	32		34	35	36	37	38	39	40
41	42	43	44	45	46	47		49	50

빈 곳을 채워 볼까요?

이렇게 공부하면 쉬워요!

우리 주변 곳곳에 있는 숫자들을 찾아봅시다.

달력에 있는 숫자를 읽어 보거나, 아침 일찍 등교해 교실에 들어오는 친구의 수를 세어 봅시다. 또 지금까지 내가 모아 놓은 딱지나, 구슬의 개수를 세어 봅시다.

순서대로 꽂혀 있는 백과사전의 책 번호를 읽어 보고, 그중에 빠진 책의 번호를 맞춰 봅시다. 3권, 4권, 5번. 어? 6권이 빠져 있네?

그리고 오늘의 날짜를 알고 내일의 날짜를 맞추어 봅니다.

친구와 눈을 감고 책을 펴서 나온 쪽수가 누가 더 큰 수이고 작은 수인지 놀이를 해 봅니다.

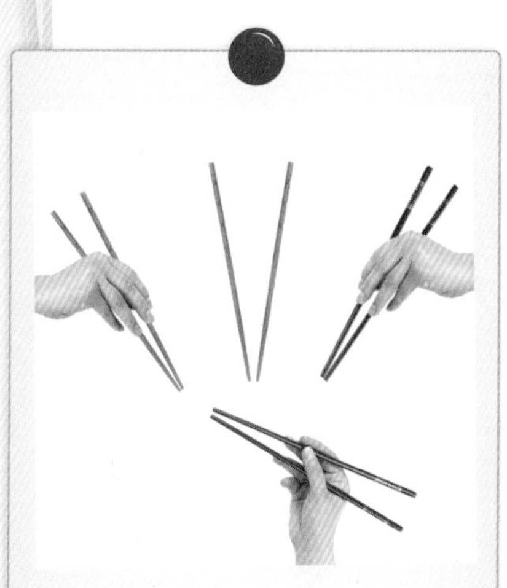

23쪽과 31쪽에서 더 큰 수는 어느 것인가요?

어머니의 도움을 받아 부엌에 있는 젓가락의 개수를 세어 보고, 2개씩 묶어 보아 젓가락의 개수가 짝수인지, 홀수인지 맞추어 봅시다.

숫자 세기, 이제 어렵지 않지요?

개념 문제로 사고력을 키워요

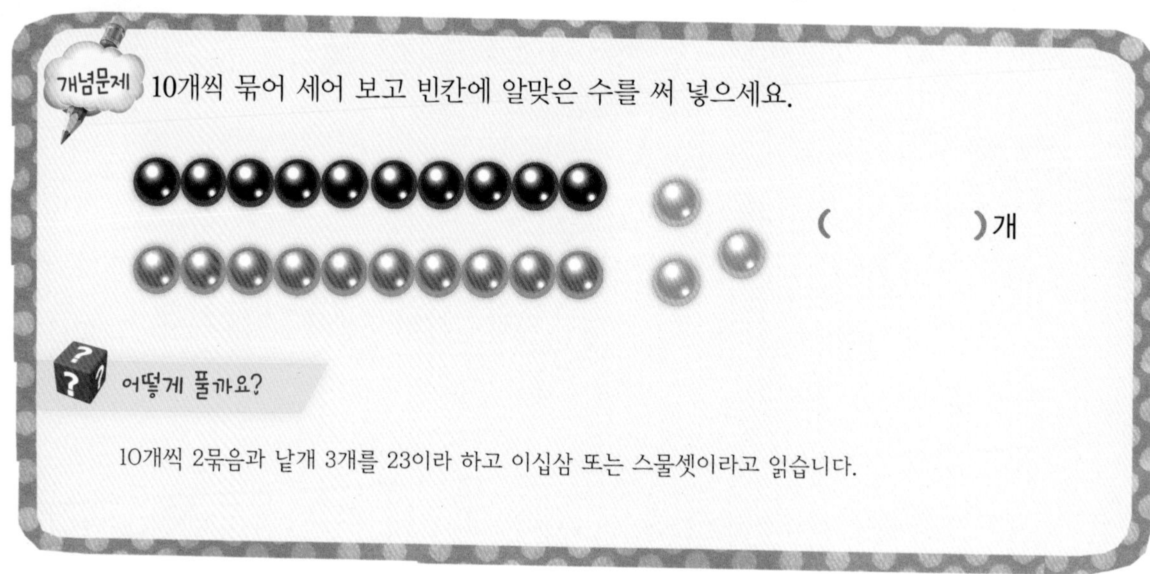

개념문제 10개씩 묶어 세어 보고 빈칸에 알맞은 수를 써 넣으세요.

(　　　　　)개

어떻게 풀까요?

10개씩 2묶음과 낱개 3개를 23이라 하고 이십삼 또는 스물셋이라고 읽습니다.

01 관계있는 것끼리 선으로 이으세요.

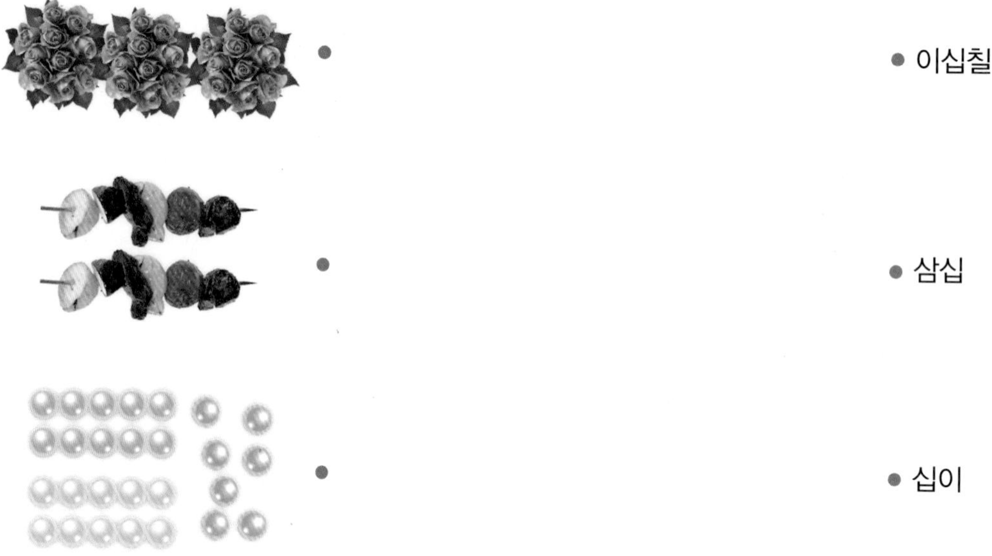

• 이십칠

• 삼십

• 십이

02 영진이는 공책을 10권 4묶음과 낱개로 5권을 샀습니다. 공책을 모두 몇 권 샀습니까?

(　　)권

다음 빈칸에 들어갈 수를 넣으세요.

1	2		4	5		7	8	9	10
11	12	13			16	17	18		

어떻게 풀까요?

빈칸에 들어갈 수는 1부터 30까지 차례대로 3,6,14,15,19,20입니다.

03 〈보기〉처럼 더 작은 수에 ○하세요.

보 기: 22 (12)	8 11	13 9	4 20

04 빈칸에 알맞은 말을 써넣으세요.

● 2, 4, 6, 8, 10 같이 둘씩 짝이 지어지는 수는 (　　)이다.

● 1, 3, 5, 7, 9, 11 같이 짝을 지을 수 없는 수는 (　　)이다.

01 점을 순서대로 이어 그림을 완성해 주세요.

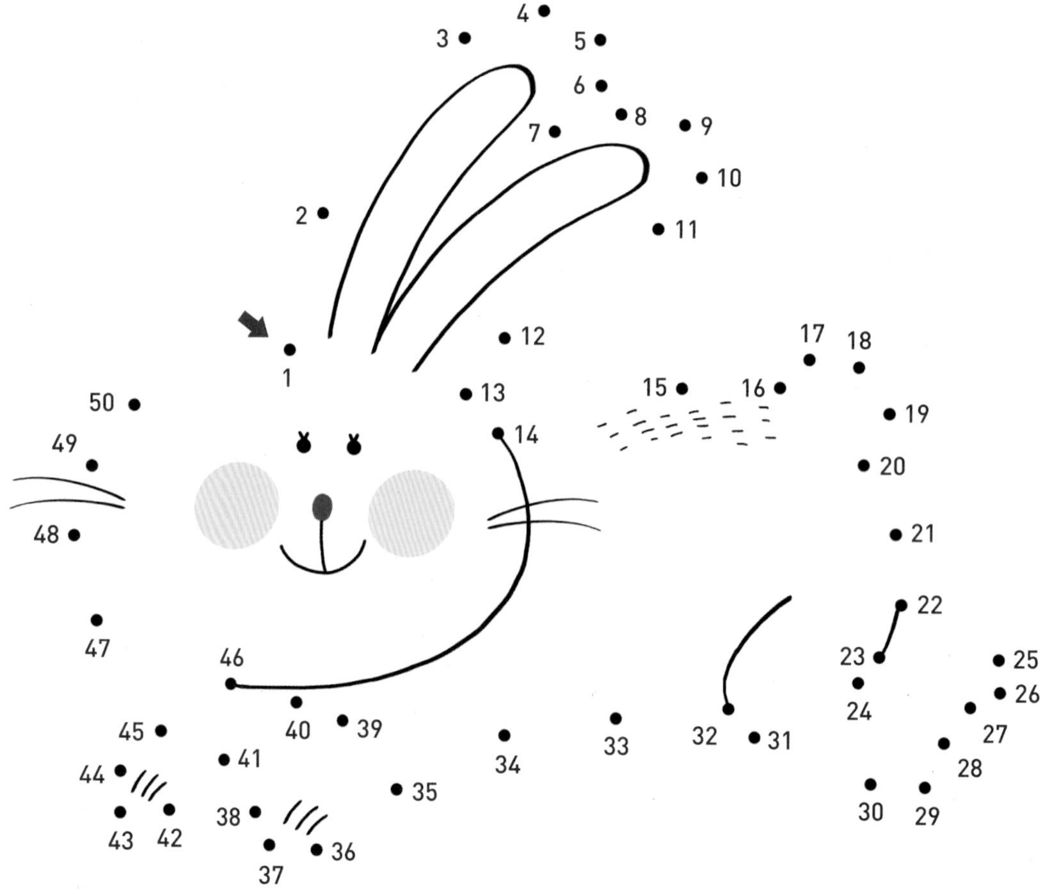

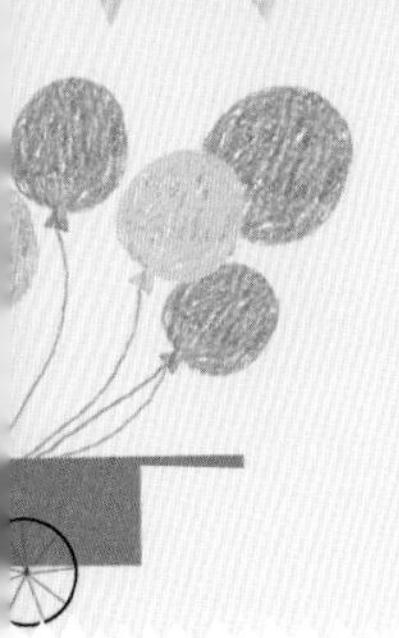

02 야광이가 돌이에게 보낸 비밀 편지입니다. 편지를 잘 읽고 그림을 완성하세요.

돌이야.

감기는 다 나았니?

나와 함께 수 세기를 해 주어 고마워.

그리고 신발까지 빌려 주는 너의 착한 마음씨에 정말 감동했어.

너에게 내 마음을 보낼게. 짝수는 하늘색, 홀수는 분홍색으로 칠해 보렴.

- 북두칠성 너머 야광이가 씀-

1	8	2	5	4	6	7
10	13	3	12	11	9	28
14	5	21	19	17	15	26
7	18	9	11	13	16	35
31	33	22	29	20	25	27
15	17	1	24	23	19	21

3 연산

덧셈과 뺄셈

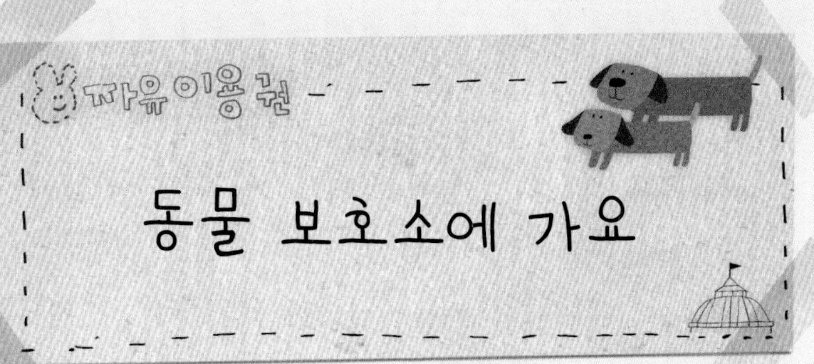

1학년 1학기 3단원 덧셈과 뺄셈

1 2, 3, 4, 5를 두 수로 가를 수 있고, 두 수를 모아 한 수로 만들기

2 6, 7, 8, 9를 두 수로 가를 수 있고, 두 수를 모아 한 수로 만들기

3 덧셈 상황을 이해하고 '+'를 이용하여 덧셈식을 쓰고 읽기

4 '+', '=' 기호를 사용하여 덧셈식을 쓰고 읽고 덧셈하기

5 0을 더하는 상황을 이해하고 0이 포함된 덧셈하기

6 '−', '=' 기호를 사용하여 뺄셈식을 쓰고 읽고 뺄셈하기

7 어떤 수에서 전체를 빼거나 0을 뺄 수 있음을 알고 뺄셈하기

8 덧셈식과 뺄셈식의 관계 알기

9 □가 있는 덧셈식과 뺄셈식 알기

10 두 수를 바꾸어 더하기

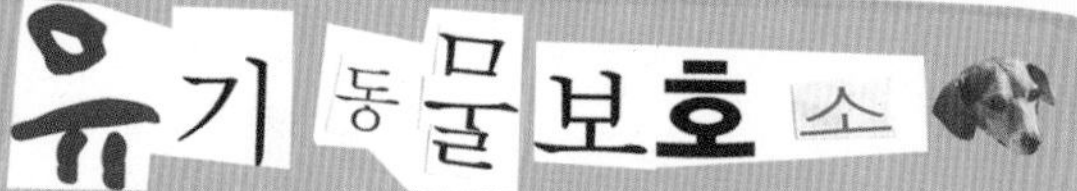

"아빠, 어서 가요!"

오늘은 우리 가족이 자원봉사를 가는 날이에요.
우리는 유기 동물 보호소로 봉사 활동을 가지요.
그곳에는 집을 잃고 버려진 동물들이 살고 있어요.
여러 명의 자원봉사자들이 순서를 정해서
목욕도 시키고, 털도 깎아 주고, 먹이도 주지요.
나는 유기 동물 보호소에 도착하자마자
얼른 동물들이 있는 우리로 달려갔어요.
어떤 유기 동물이 보호소까지 오게 됐을까요?

“안녕, 치치!”
나는 치치의 우리 앞에서 손을 흔들었어요.
치치는 작은 강아지예요.
재채기를 할 때마다 “치!, 치!” 한다고 해서
이름이 치치이지요.
치치는 피부에 병이 나서 버려진 강아지였어요.
사랑하는 주인에게 버려진 아픔 때문인지
다른 강아지들과도 친구가 되려고 하지 않지요.
“오늘은 새로운 친구들이 많구나?”
치치 옆에는 세 마리의 강아지가 더 있었어요.
새로 온 강아지들은 내 손을 핥으며 좋아했어요.
“얘들아, 우리 산책 가자!”
나는 강아지들을 불렀어요.
하지만 치치는 꼼짝도 하지 않았어요.
다른 강아지 한 마리도 귀찮은 듯 벌렁 누워 버렸지요.
나는 간식을 들고 왔어요.
그러자 간식 냄새를 맡은 강아지 4마리가
2개의 문으로 후다닥 달려 나왔어요.

강아지 4마리가 2개의 문을 통해 몇 마리씩 들어갈 수 있을까요?

"와, 새로 온 고양이들이네."

귀엽고 앙증맞은 고양이 7마리가
캣타워에 앉아서 나를 내려다보았지요.
고양이들은 높은 캣타워에서 놀아요.
작은 몸으로 폴짝폴짝
높은 곳도 단숨에 뛰어오르지요.
물그릇이 두 개 있어요.
나는 깨끗한 물을 떠다가 그릇에 부어 주었어요.
그러자 7마리의 고양이들이 흩어져서
그릇 속의 물을 할짝할짝 마시기 시작했어요.

고양이 7마리가 2개의 물그릇에 몇 마리씩 모여
물을 먹을 수 있을까요?

먹이를 먹는 이구아나 세 마리, 새로 나타난 이구아나 두 마리,

이구아나는 모두 몇 마리가 되었나요?

이구아나들에게 먹이를 줬어요.
이구아나 세 마리는 긴 혀를 날름거렸지요.
나는 이구아나가 무서워서 가까이 가지 못했어요.
그런데 새로운 이구아나 두 마리가 나타났어요.
이구아나들은 내 앞으로 성큼 기어오더니 꼬리를 휙 흔들었어요.
꼭 "나하고 같이 놀자!"라고 말하는 것 같았지요.
나는 이구아나를 향해 손을 흔들어 보였어요.
"너희를 버린 주인들도 틀림없이 미안해 하고 있을 거야."
내 말을 알아듣기라도 한 걸까요?
이구아나들이 눈을 반짝였어요.
어쩐지 눈물이 날 것 같은 슬픈 눈빛이었지요.

유기 동물 보호소에서 가장 가족이 많은 동물은 '리치'예요.
리치는 지난봄에 들어온 수컷 개지요.
리치는 잠이라는 암컷과 결혼해서 새끼를 다섯 마리나 낳았어요.
나는 리치를 찾아 두리번거렸어요.
바로 그때 리치와 잠이가 지나가는 게 보였어요.
강아지들이 졸졸졸 따라갔지요.
"정말 귀엽다!"
나는 강아지 한 마리를 껴안았어요.
그러자 자기 새끼를 공격하는 줄 알고
놀란 리치가 나를 향해 으르렁거렸지요.
나는 겁이 나서 새끼를 던지듯 놓아두고 도망쳐야 했어요.
"리치는 심술쟁이. 강아지를 안아 보지도 못하게 해요."
나는 아빠한테 투덜거렸어요.

"부모라면 누구나 어린 새끼를 지키려고 해.
아빠가 널 안전하게 지키고 싶어 하는 것처럼.
리치도 강아지들의 아빠니까 당연한 마음이지."

아빠의 말을 들으니 성났던 마음이 좀 가라앉았지요.

'우리 리치도 자식을 사랑하는 아빠가 됐구나.'

나는 리치가 대견스러웠어요.

"리치 식구는 모두 몇 마리예요?"

"5마리 더하기 2마리니까 7마리."

리치 식구가 모두 몇 마리인지 식으로 나타내 보고, 읽어 보세요.

$5+2=7$

5 더하기 2는 7과 같습니다.

햇살 따뜻한 오후가 되면
보호소의 새끼 동물들이 마당으로 나와 놀아요.

"와, 재들 좀 봐!"

마침 마당에서 새끼 동물들이 서로 장난치며 노는 게 보였어요.

동물들은 서로 깨물고, 냄새를 맡고,
발로 장난을 치기도 하며 놀았지요.

보호소에서는 새끼 동물들의 사진을 찍어서
홈페이지에 올려요.

운이 좋으면 새끼들 가운데 일부는 분양이 돼요.

하지만 그렇지 못한 새끼는
주인의 따뜻한 손길도 받지 못한 채,
외롭고 쓸쓸하게 지내야만 하는 거예요.

"마당에 강아지 3마리, 고양이는 한 마리도 없네.
강아지랑 고양이를 모두 합하면 3+0=3이니까 3마리."
나는 새끼 동물들을 바라보며 생각했어요.
"너희가 모두 좋은 주인을 만났으면 좋겠어."

어떤 수에 0을 더하면 항상 어떤 수가 나와요.
아무것도 없을 때에는 0을 사용해 덧셈식을 만들어요.

★ + 0 = ★

햄스터들이 우리 안에서 해바라기 씨를 먹으며 놀고 있는 게 보였어요.

햄스터는 작고 귀여운 애완용 쥐예요.

"귀엽지?"

"네. 그런데 이런 햄스터도 버려지나요?"

자원 봉사자 언니가 말했어요.

"햄스터는 귀여워서 키우고 싶어 하는 아이들이 많아.
하지만 먹이도 제때 주어야만 하고, 신선한 물도 주어야 해.
똥도 재깍재깍 치워 줘야 냄새가 안 나지."

자원 봉사자 언니는 많은 아이들이 재미 삼아서
햄스터나 애완동물들을 사놓고,
귀찮아지면 버리곤 한다며 씁쓸한 표정을 지었어요.

"애완동물은 장난감이 아니야.
주인의 사랑과 정성이 있어야만 살 수 있는 생명체란다.
어떤 생명을 기르려면 그만큼 노력과 정성이 필요해."

언니의 말에 나는 고개를 끄덕였어요.

바로 그때였어요.

갑자기 햄스터들이 집 안으로 들어가 버렸어요.

"처음 있던 햄스터가 5마리고,

집에 들어간 햄스터가 3마리니까 몇 마리 남았지?"

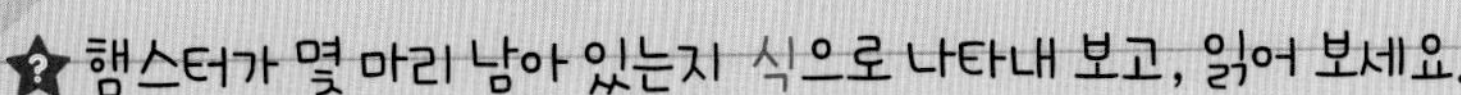
햄스터가 몇 마리 남아 있는지 식으로 나타내 보고, 읽어 보세요.

5−3=2

5 빼기 3은 2와 같습니다.

보호소 우리 안에 '손 다람쥐'가 있어요.
원래 야생 동물인 다람쥐를 길들여서
애완동물로 키우는 것이지요.
우리 앞으로 다가가자
다람쥐 네 마리가 쪼르르 달려와 내 어깨 위에 앉았어요.
나는 다람쥐의 털을 살며시 쓰다듬어 보았지요.
보슬보슬한 감촉이 느껴졌어요.
"언니, 먹이를 먹고 장난치는 모습이 정말 귀여워요."
자원봉사자 언니는 사람들이 키우던 다람쥐를
아무렇게나 내버린다며 속상해 했어요.
버려진 다람쥐들은 혼자 힘으로 먹이를 찾아 먹을 줄
모르기 때문에 죽고 만대요.
"이곳에 있는 동물들은 다행히 구조가 된 거란다."
"걱정 마, 내가 너희를 지켜 줄 테니까."
나는 다람쥐들을 향해 말했어요.
다람쥐 두 마리가 내 어깨 위에서 쪼르르 내려오더니,
어디론가 사라져 버렸어요.
나는 주위를 두리번거렸지요.

처음에 손 다람쥐는 몇 마리 있었나요?

손 다람쥐의 수만큼 ○ 로 나타내어 보세요.

숨어버린 손 다람쥐의 수만큼 / 로 그어 보세요.

남아 있는 손 다람쥐의 수를 세어 보세요.

'4−2=2'

'4 빼기 2는 2와 같습니다.', '4와 2의 차는 2입니다.'

버려진 동물을 구조하는 아저씨들이 공원 호숫가에 버려진 남생이들을 데려 왔어요.
구조 요원 아저씨는 남생이들을 바닥에 풀어 놓았지요.
"남생이도 애완동물이 될 수 있어요?"
"그럼, 남생이는 한때 애완동물로 아주 큰 인기를 얻었지.
하지만 인기가 시들해지자, 함부로 버려졌단다."
그래서 공원 호숫가에 버려진 남생이들이 많은 거래요.
"아저씨, 얘들은 앞으로 어떻게 되는 거예요?"
"글쎄다. 새로운 주인을 만날 때까지 여기서 지내야만 하겠지."
하지만 좋은 주인을 만나기란 하늘의 별 따기처럼 어렵대요.
바닥을 기어 다니던 남생이 3마리가 수조 속으로
퐁당 뛰어 들어갔어요.
남생이들은 물속을 헤엄치며 놀기 시작했지요.
"남생이가 모두 몇 마리나 물속으로 들어갔니?"
구조 요원 아저씨가 물었어요.
"세 마리요."

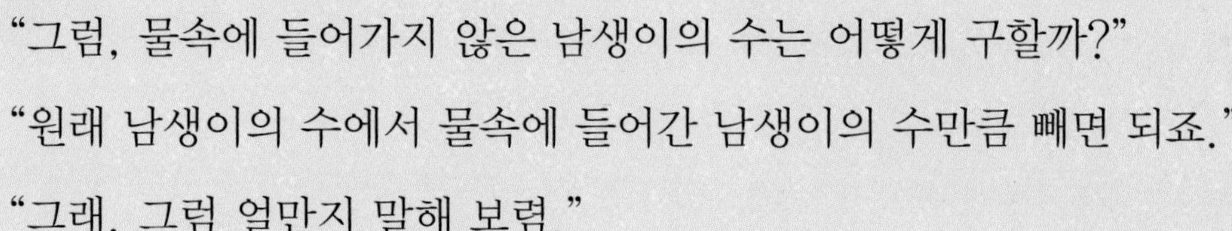

“그럼, 물속에 들어가지 않은 남생이의 수는 어떻게 구할까?”

“원래 남생이의 수에서 물속에 들어간 남생이의 수만큼 빼면 되죠.”

“그래, 그럼 얼만지 말해 보렴.”

$$3-3=?$$

나는 잠깐 머뭇거렸어요.

수조 속에 있는 남생이는 모두 몇 마리입니까? 남생이의 수만큼 ○ 로 나타내어 보세요.

물속에 들어간 남생이의 수는 몇 마리인가요?

물속에 들어간 남생이의 수만큼 / 로 그어 보세요.

물속에 들어간 남생이의 수만큼 / 로 긋는 대신 (점선 동그라미) 로 나타낼 수도 있어요.

물속에 들어가지 않고 남은 남생이는 몇 마리입니까?

물속에 들어가지 않고 남은 남생이의 수를 구하는 뺄셈식을 쓰세요.

$3-3=0$

3빼기 3은 0입니다.

마당 한쪽에 차우차우 식구들이 앉아 있는 게 보여요.
차우차우는 사자를 닮은 개라서 '사자 개'라고도 불리지요.
이곳 보호소에 사는 차우차우는 암컷이에요.
차우차우는 임신을 한 채로 거리를 헤매다가 여기까지 오게 됐어요.
처음 보호소에 올 때만 해도 녀석의 털은 빗질을 하지 못해 꼬였고,
온 몸에 껌이랑 먼지 따위가 덕지덕지 달라붙어 엉망진창이었어요.
게다가 제대로 먹지 못해서 비쩍 마르기까지 했었지요.
하지만 따뜻한 집을 만들어 주고, 먹이를 주었더니
금세 기운을 차려서 건강한 새끼를 낳았지요.
"어마, 귀여워라. 차우차우가 잔뜩 있네. 모두 몇 마리야?"
엄마가 소리쳤어요.
"저쪽 차우차우 1마리랑 이쪽 차우차우 3마리. 그러니까 1+3=4예요."

"새끼가 총 몇 마리야?"

"전체 차우차우의 수에서 엄마 차우차우의 수를 빼면 되지."

"오호!"

내가 척척 대답하자,

엄마는 대견하다는 듯 머리를 쓰다듬어 주셨어요.

엄마 차우차우와 새끼 차우차우는 모두 몇 마리인지 덧셈식으로 나타내 보세요.

$1+3=4$

1 더하기 3는 4입니다.

새끼 차우차우의 수를 구하는 뺄셈식을 쓰려면 어떻게 해야 할까요?

덧셈식을 보고 새끼 차우차우의 수를 나타내는 뺄셈을 써 보세요.

$4-1=3$

4 빼기 1은 3입니다.

나는 애완용 토끼 우리로 갔어요.
아빠가 우리를 청소하고 있었지요.
토끼도 애완동물로 인기가 많지요.
하지만 똥오줌을 제대로 못 가리는데다가
잘못 관리하면 냄새가 많이 나는 동물이기 때문에
사람들이 오래 기르려고 하지 않는대요.
나는 귀여운 토끼들을 바라보았어요.
어떤 토끼는 눈이 빨간데 또 어떤 토끼는 눈이 빨갛지 않았어요.
"아빠, 토끼의 눈 색깔이 왜 달라요?"
"사람이 인종에 따라 피부색이 다른 거나 마찬가지야.
토끼도 품종에 따라 눈의 색깔이나 털의 모양이 조금씩 다른 거지."
나는 토끼를 만져 보고 싶었지요.
우리에 손을 넣어 토끼를 꺼내려는데 아빠가 말씀하셨어요.
"토끼는 귀가 약해서 귀를 세게 잡아당기면 안 돼.
등을 잡고 들어 올려야 한단다."
나는 조심해서 토끼를 들어 올렸어요.
하지만 토끼가 불편해 하는 것 같아서 금방 내려 주었지요.

초록색 바구니에 들어 있는 당근의 수를 □라 하고 전체 당근의 수를 덧셈식으로 나타내어 보세요.

노란색 바구니에 당근 4개와
초록색 바구니에 당근 □개를 합하면 7개.
'4 + □ = 7'입니다.

"대신 토끼한테 당근을 주렴."
아빠는 당근이 모두 7개가 있다고 말씀하셨어요.
노란 바구니에는 4개의 당근이 들어 있었지요.
"초록 바구니에 있는 당근을 더 주렴."
"거기 몇 개가 들었는데요?"
초록 바구니는 뚜껑이 닫혀 있어서
몇 개가 들어 있는지 보이지 않았지요.
"글쎄, 초록색 바구니에는 당근 □개가 들었을 거야."
"□개라면 개수를 어떻게 알 수 있어요?"
"덧셈식을 써 보면 금방 알 수 있지.
노란색 바구니에 당근이 4개, 초록색 바구니에 당근이 □개.
모두 합하면 7개니까, 덧셈식으로 나타내면 '4+□=7'이 되겠지?"

기니피그들이 모여서 사과 조각을 먹고 있어요.
기니피그는 다리가 짧고 몸뚱이가 통통해요.

기니피그는 풀이나 과일, 채소 같은 걸 먹고 살아요.

나는 기니피그들에게 사과를 듬뿍 내주었어요.

아삭아삭 갉아먹는 기니피그들을 보면서 좋아했지요.

자원봉사자 언니가 물었어요.

"여기 사과 조각이 몇 개나 있었니?"

"9조각 있었어요.

기니피그가 먹고 나서 다섯 조각이 남았고요."

"기니피그가 사과를 몇 조각이나 먹은 거니?"

"글쎄요. 9조각에서 기니피그가 □개를 먹고 5개가 남았으니
이걸 뺄셈식으로 나타내 보면,
'9 − □ =5'가 되겠네요."

나는 기니피그가 먹은 사과의 개수를 말해 주었어요.

"아이고, 한꺼번에 너무 많은 먹이를 주면 안 돼."

"왜요?"

"이 아이들은 배가 불러도 계속 먹으려고 하거든.
이 아이들 때문에 다른 동물들의 간식이 줄어들고 말잖니.
조금씩 공평하게 나눠 줘야지."
하지만 기니피그들은 배가 고픈 듯 자꾸 나를 바라보았지요.
버려진 동물들은 배가 고파도 넉넉하게 먹을 수가 없어요.

기니피그가 먹은 사과는 몇 개일까요? 기니피그가 먹은 사과의 수를 □라 하고 남은 사과의 수를 뺄셈식으로 나타내 보세요.

사과 9개에서 기니피그가 □개를 먹었더니 5개가 남았어요.
'9 − □ = 5'입니다.

동물들을 목욕시키고 우리를 청소한 뒤 나와 가족들은 준비한 선물을 꺼내 왔어요.
바로 새로운 밥그릇이랍니다.
이곳의 동물들은 주인에게 버려진 상처 때문에
밥을 잘 먹으려고 하지 않지요.
그래서 일부러 더 예쁘고 깨끗한 밥그릇을 준비한 거랍니다.
사랑이 듬뿍 담긴 그릇에
사료를 담아 먹으면 더 건강해질 거예요.
아빠는 노란색 그릇 2개와 파란색 그릇 4개를,
나는 노란색 그릇 4개와 파란색 그릇 2개를 들고 왔어요.
"으라차차, 아빠가 더 많이 들고 왔지?"
아빠가 내게 힘자랑을 하며 말했어요.
"아냐, 내가 더 많아요!"
"좋아, 그럼 그릇이 전부 몇 개인지 세어 보겠어!"

"덧셈식을 이용하면 되죠?
노란 그릇 2개와 파란 그릇 4개. 그러니까 2+4!"
"네가 들고 온 그릇도 세어 볼까?
노란 그릇 4개와 파란 그릇 2개니까 이것도 2+4군."
아빠의 말에 나는 고개를 갸웃했어요.
"어, 내가 더 많이 들고 온 것 같았는데……."
2와 4를 바꾸어 더해도 결과가 같다니!'
나는 새로운 사실을 알게 되었지요.

아빠가 가지고 있는 그릇의 수만큼 □를 그려보세요.

■ ■ ■ ■ ■ ■

내가 가지고 있는 그릇의 수만큼 □를 그려보세요.

■ ■ ■ ■ ■ ■

내가 가지고 있는 그릇을 합하면 모두 몇 개인지 덧셈식을 써보세요.
아빠와 나 가운데 누가 그릇을 더 많이 가지고 있나요?

'2+4=6', '4+2=6'이므로
2와 4를 바꾸어 더해도 결과는 6으로 같아요.
둘 다 6개 가지고 있어요. 아빠와 나의 그릇 수는 같아요.

선생님과 함께하는 개념 정리

숫자를 두 묶음으로 나누는 것을 가르기라고 해요. 두 묶음의 숫자를 한 곳으로 모으는 것은 모으기 라고 한답니다.

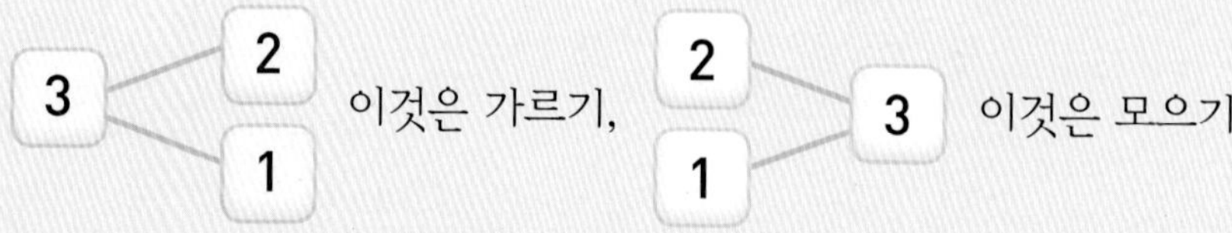

라고 할 수 있지요. 두 숫자를 모으는 것을 수학에서는 덧셈이라고 한답니다.

● ● ● ● + ■ ■

4와 2를 더하는 것은 4 + 2 라 쓰고 4 더하기 2 라고 읽어요.

● ● ● ● ● ●

전체에서 몇 개를 없애거나 두 개의 차이를 이야기 할 때는 뺄셈을 사용하지요. 6개에서 2개가 없어지는 것은 6 − 2 라고 쓰고 6 빼기 2 라고 읽는 답니다.

이렇게 공부하면 쉬워요!

하나의 묶음을 두 곳으로 나누어 주는 것을 가르기라고 하지요. 두 개의 묶음으로 나누어진 것을 한곳으로 모으는 것을 모으기라고 해요. 하나로 합쳐 주는 것을 말하는 것이지요. 모으기를 수학에서는 덧셈이라고 한답니다.

덧셈은 두 개의 묶음을 하나로 합칠 때 사용할 수 있어요.

예를 들어, 가영이의 초콜릿 2개와 성욱이의 사탕 3개를 모두 합하면 5개가 되지요. 여자 친구들 3명이 놀고 있을 때 남자 친구들 2명이 더 와서 함께 노는 경우도 덧셈을 사용한답니다. 모두, 합, 전부와 같은 단어가 들어갈 때는 덧셈을 사용해주면 되지요. 덧셈은 2 + 3 = 5라고 쓰고, 2 더하기 3은 5와 같습니다 또는 2와 3의 합은 5입니다라고 읽지요.

뺄셈은 어떤 경우에 사용할까요?

6마리 새가 있었는데 2마리가 날아간 경우 남은 새를 알아볼 때 사용할 수 있어요. 6에서 2만큼을 빼주면 4가 되지요. 또는, 두 묶음의 차이를 알아볼 때도 사용한답니다. 강아지는 6마리 있는데, 고양이는 2마리 있을 때 강아지와 고양이는 몇 마리나 차이가 날까요?

차, 덜어내기, 빼주기라는 말이 나오면 뺄셈을 사용하면 되지요. 뺄셈은 6 − 2 = 4라고 쓰고, 6 빼기 2는 4와 같습니다 또는 6과 2의 차는 2입니다라고 읽는답니다.

개념 문제로 사고력을 키워요

개념문제 다음 그림을 보고 □안에 알맞은 수를 써넣으세요.

2 + □ = □

어떻게 풀까요?

그림 속에서 닭은 숫자 2로 나타낼 수 있어요. 병아리는 숫자 4로 나타낼 수 있지요. 2와 4를 더하면 6이므로 이것은 2 + 4 = 6이라 쓸 수 있어요. 읽을 때는 2 더하기 4는 6과 같습니다 또는 2와 4의 합은 6입니다라고 읽는답니다.

01 그림에 알맞은 식을 쓰고 읽어 보세요.

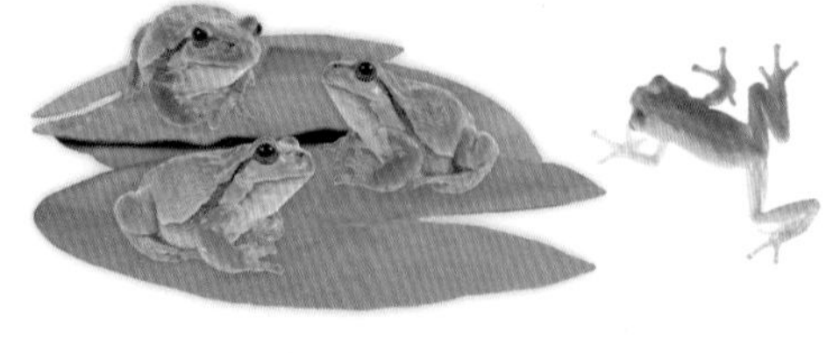

쓰기 ______________________

읽기 ______________________

02 초콜릿과 사탕은 모두 몇 개인지 알아보세요.

(   )개

개념문제 다음 그림을 보고 □안에 알맞은 수를 써넣으세요.

7 - □ = □

어떻게 풀까요?

그림 속에서 사과는 숫자 7로 나타낼 수 있어요. 그중 다 먹은 사과는 숫자 3으로 나타낼 수 있지요. 7에서 3를 빼면 4이므로 이것은 7 - 3 = 4이라 쓸 수 있어요. 읽을 때는 7 빼기 3은 4와 같습니다 또는 7과 3의 차는 4입니다라고 읽는답니다.

03 그림에 알맞은 식을 쓰고 읽어 보세요.

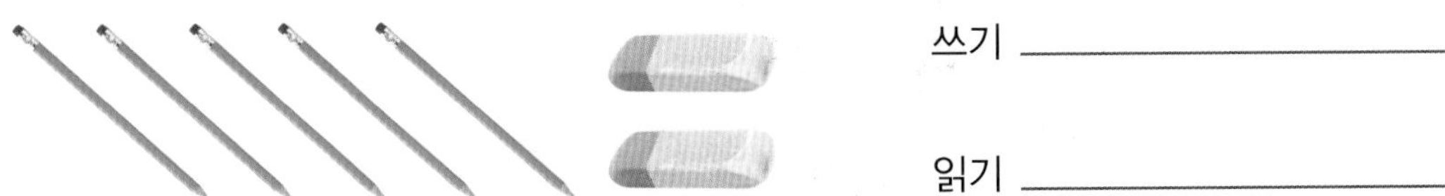

쓰기 ____________________

읽기 ____________________

04 어머니가 저녁을 준비하실 때, 냉장고에 있는 달걀 6개 중 4개를 사용하셨습니다. 남은 달걀은 몇 개인지 알아보세요.

(　　　)개

01 다음 미로를 보고 출발 지점부터 도착 지점까지 선으로 이으세요. 덧셈과 뺄셈의 계산 결과가 맞는 길로 움직여야 마지막까지 도착할 수 있습니다.

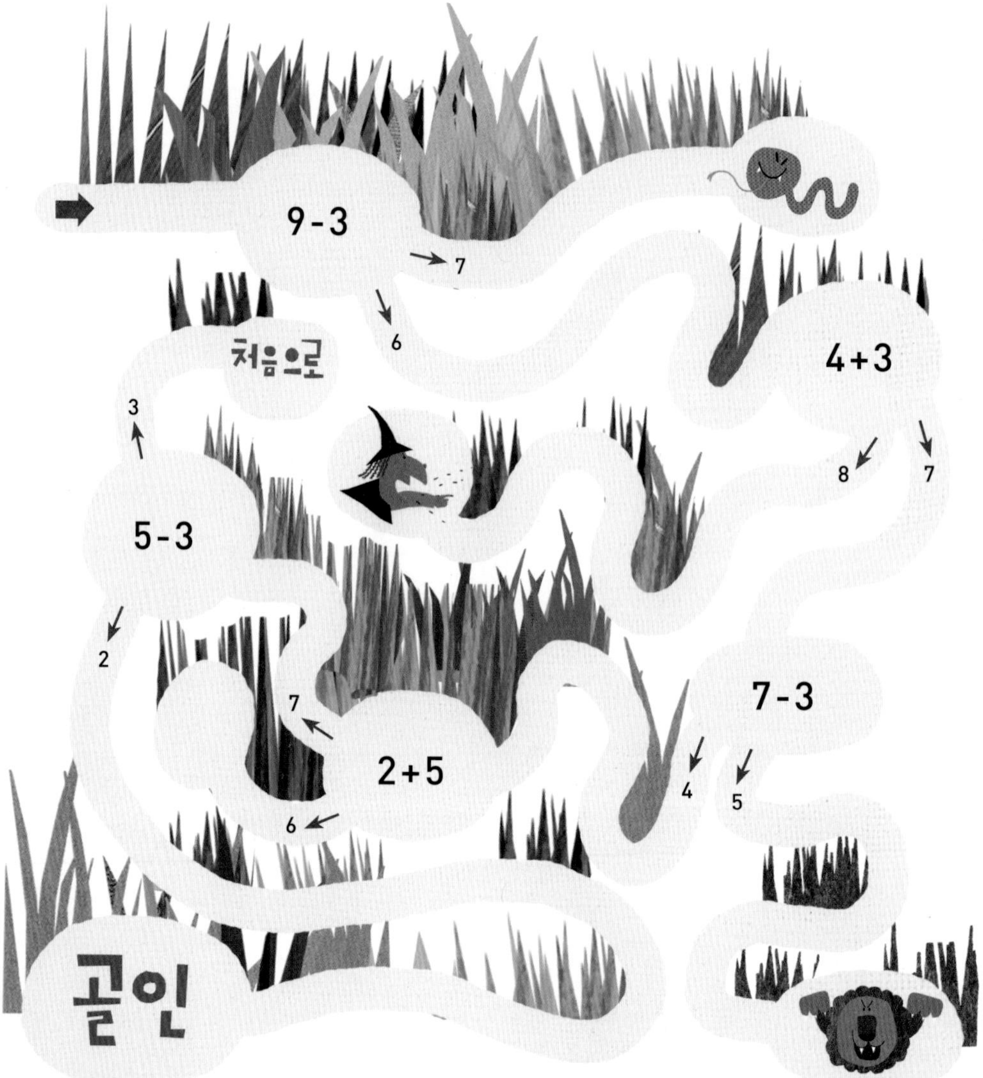

9-3
7
6
처음으로
3
4+3
8
7
5-3
2
7
2+5
6
7-3
4
5
골인

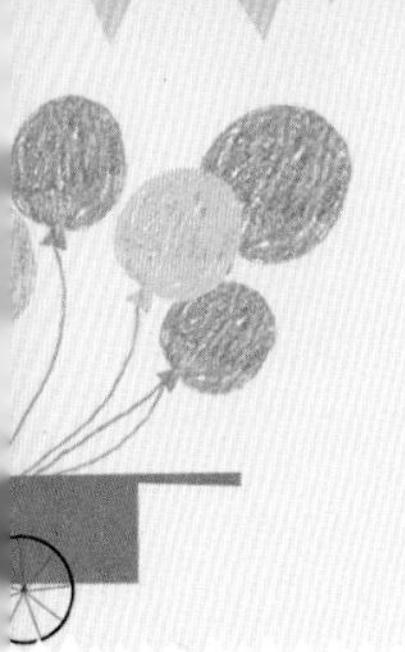

02 다음 그림을 색칠하여 완성해 주세요. 단, 계산 결과에 따라 각자 다른 색을 칠해 주어야 합니다.

1. 계산 결과가 3일 때는 노란색을 칠해 주세요.
2. 계산 결과가 4일 때는 주황색을 칠해 주세요.
3. 계산 결과가 5일 때는 갈색을 칠해 주세요.
4. 계산 결과가 6일 때는 빨간색을 칠해 주세요.
5. 계산 결과가 7일 때는 초록색을 칠해 주세요.

3+4=

8-3=

6-3=

1+5=

9-5=

9-2=

4 도 형

여러 가지 모양

변덕 공주의 모양 찾기

1학년 **1**학기 **2**단원 여러 가지 모양

1 일상생활 속에서 같은 모양을 찾으며 여러 가지 모양 경험하기

2 ■, ●, ▲ 직관적으로 파악하기

3 ■, ●, ▲ 모양 분류하기

4 ■, ●, ▲ 모양의 모양 블록 이용하여 새로운 모양 꾸미기

5 ■, ●, ▲ 모양을 이용하여 나만의 집 만들기

6 다양한 문제 상황에서 수학적 사고력 기르기

이게 좋았다가, 저게 좋았다가!
저게 싫었다가, 이게 싫었다가!
옛날에 좋아하는 게 열두 번도 더 바뀌고,
싫어하는 것도 열두 번 더 바뀌는
변덕쟁이 공주가 살았어요.
“싫어, 싫어! 다른 걸로 갖다 줘!”
“방금 전까지만 하더라도 이 머리핀이 좋다고 하셨잖아요.”
“싫어, 마음이 바뀌었어. 저걸로 할 테야.”
공주는 날마다 변덕을 부렸지요.
대체 공주의 변덕이 얼마나 심하냐고요?
공주의 변덕을 참다못해 궁궐을 뛰쳐나간 신하들이 수두룩해요.

아침 식사시간이었어요.
궁녀가 공주가 좋아하는 수프를 들고 왔어요.

그걸 본 순간, 공주의 이마에 주름이 팍!

눈이 부리부리해지고, 입술이 삐죽 튀어나오더니,

큰 소리로 울며 떼를 쓰기 시작했어요.

"난 ■ 모양 그릇에 담긴 수프는 싫어.

▲ 모양 그릇에다 담아 와!"

수라간 궁녀가 부랴부랴 ▲ 모양 그릇에다 수프를 담아왔어요.

"지금은 ● 모양 그릇이 좋아. 당장 수프 그릇을 바꿔 와."

▲ 모양 그릇이 좋댔다가,

■ 모양의 그릇이 좋댔다가,

다시 ● 모양 그릇이 좋다고 했다가…….

공주는 점심때가 다 되도록

그릇을 결정하지 못했어요.

■, ▲, ● 모양의 산처럼 쌓였어요!

궁녀들은 그릇을 정리하다가 말고

꽈당!

쓰러지고 말았지요.

★ <숨은 그림 찾기> 이 그림에서 ■,●,▲ 모양을 찾아보세요.

■ 모양은 무엇이 있을까요?

● 모양은 무엇이 있을까요?

▲ 모양은 무엇이 있을까요?

공주가 정원으로 뛰어오더니, 정원사를 찾았어요.
글쎄, 갑자기 정원의 나무 모양을 바꾸고 싶대요.
"● 모양 나무를 만들고 싶어."
정원사는 열심히 나무를 다듬었어요.
마침내 ● 모양의 멋진 나무가 완성되었지요.
하지만 마음이 바뀐 공주가 소리쳤어요.
"잠깐, ▲ 모양의 나무는 어때?
아냐, 아냐. ■ 모양 나무면 좋겠어.
아니, ● 모양이 나을까?"
정원사는 땀을 뻘뻘 흘리며 공주의 말대로 나무를 다듬었어요.
하지만 그때마다 공주의 마음이 바뀌었지 뭐예요.
"에잇, 그냥 원래대로 해 놔. 그게 가장 마음에 들었던 것 같아."
공주는 제 방으로 쏙 들어가 버렸어요.
기운 빠진 정원사는 털썩 주저앉았지요.

? ■, ▲, ● 모양을 찾아볼까요?

■ 모양은 어떤 물건들이 있을까요?

▲ 모양은 어떤 물건들이 있을까요?

● 모양은 어떤 물건들이 있을까요?

공주가 장난감을 갖고 놀고 있었어요.

공주가 놀이를 할 때마다 도와주는 궁녀가 "어떤 장난감을 드릴까요?"라고 물었지요.

"■ 모양의 주사위를 갖다 줘."

궁녀는 얼른 주사위를 가져왔어요.

그사이 공주의 마음이 바뀌었지 뭐예요.

"아냐, 아냐, ▲ 모양의 블록이 좋겠어.

잠깐, 다시 주사위를 갖고 놀까?

주사위 놀이보단 ● 모양을 갖고 노는 게 더 재미있을 것 같아."

궁녀는 다시 쪼르르
이걸 갖고 왔다가, 저걸 갖고 왔다가.
"아, 아니야.
■, ▲, ● 으로 새로운 모양을 만들겠어!"
궁녀는 기운이 다 빠져서 털썩 주저앉았어요.
"공주님, 더는 못 가져오겠어요."

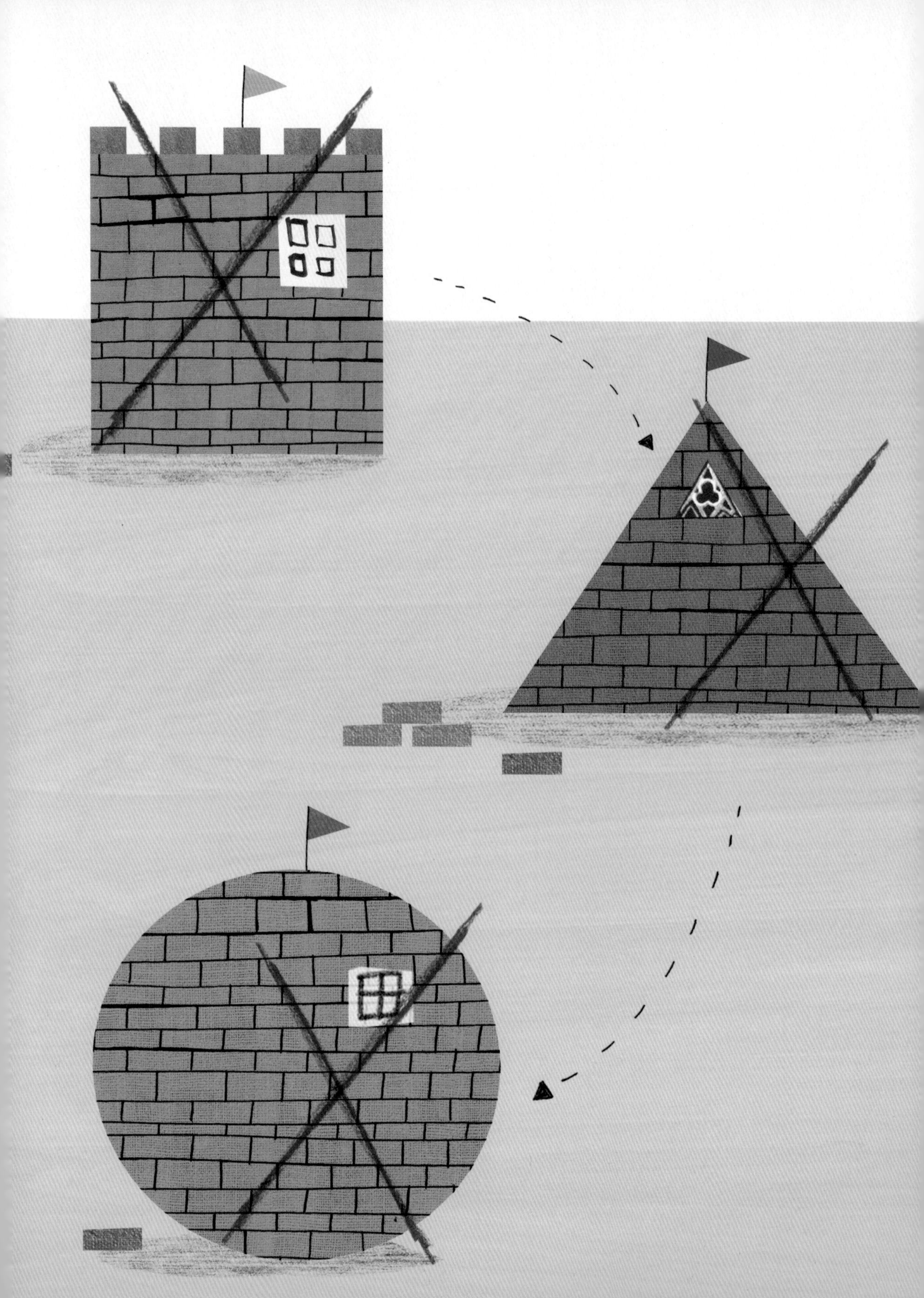

공주의 욕심은 점점 더 커졌어요.
"오늘은 집을 짓고 싶어.
아, 내가 제일 좋아하는 ■ 모양으로 지어야지."
건축가가 ■ 모양으로 집을 짓자
"아니야, 아니야. 이게 아니야.
▲ 모양의 집이 좋겠어."
건축가는 서둘러 ▲ 모양의 집을 지었지요.
"틀렸어. 망쳤어. 이게 아니야.
난 ■, ▲, ● 모양을 다 써서 집을 짓고 싶어."
"오, 공주님, 그것만은 제발!"
건축가는 그 자리에서 쓰러졌어요.

결국 공주의 변덕을 못 견딘
궁녀랑, 정원사들, 신하들, 건축가들은
궁궐을 떠나 버렸어요.

궁궐은 텅텅 비어 버렸지요.

공주는 늙은 할머니가 될 때까지 혼자 궁궐을 지켰대요.

선생님과 함께하는 개념 정리

우리 주변에는 다양한 모양의 물건들이 많습니다. 복잡해 보이는 물건들을 요리조리 살펴보면 ■,●,▲ 모양으로 나누어 볼 수 있습니다. 복잡한 물건을 ■,●,▲ 로 쉽게 나타내 봅시다.

■ 모양에는 지금 보고 있는 책, 창문, 치즈, 색종이, 달력, 초콜릿 등이 있습니다.

▲ 모양에는 교통표지판, 피라미드의 옆모양, 트라이앵글, 도깨비 뿔, 화살의 뾰족한 촉 등이 있습니다.

● 모양에는 호떡, 보름달, 동전, 축구공 ,지구, 모자, 탬버린 등이 있습니다.

그리고, 모양이 합쳐진 물건도 많습니다.

김밥을 잘라 보면 김밥의 모양은 ● 모양, 단무지는 ■ 모양입니다.

핸드폰의 버튼, 화면, 이어폰을 꽂는 곳과 귀에 대는 곳의 모양은 서로 다릅니다.

로켓의 앞부분과 중간 부분, 끝 부분의 모양도 다르지요.

세상에 있는 ■,●,▲ 를 모두 찾아보세요.

이렇게 공부하면 쉬워요!

이 단원을 공부할 때는 첫 번째, 주변의 물건을 ■, ●, ▲ 으로 생각해 봅시다.

눈사람은 어떤 모양으로 이루어져 있을까요?

나비넥타이는 어떤 모양으로 이루어져 있을까요?

자동차는 어떤 모양으로 이루어져 있나요?

신문이나 잡지에서 ■, ●, ▲ 모양을 찾아봅시다. 그림에서 찾을 수도 있고, 글씨에서 찾을 수도 있겠지요? 친구와 누가 먼저 ■, ●, ▲ 모양을 찾는지 놀이를 해도 좋습니다. 찾은 모양은 같은 모양끼리 짝 지어주어도 좋아요.

■, ●, ▲ 모양으로 그림을 그려봅시다.

▲ 로 무엇을 그릴 수 있을까요? ▲ 모양으로 생일날 쓰는 고깔모자를 만들거나 ▼ 모양으로 놓아 아이스크림을 그릴 수도 있습니다.

부모님과 함께 ■, ●, ▲ 모양의 샌드위치를 만들어 보거나, 점토를 이용해 ■, ●, ▲ 를 만들어 봅시다. 음식을 만들 때 사용되는 도구 모양도 살펴보고, 가족이 만든 음식은 어떤 모양인지 생각해 봅시다.

개념 문제로 사고력을 키워요

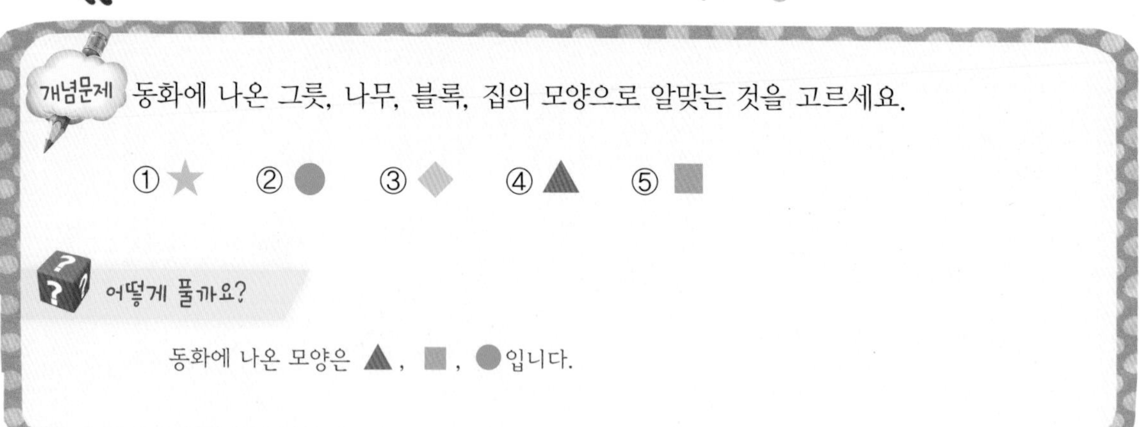

개념문제 동화에 나온 그릇, 나무, 블록, 집의 모양으로 알맞는 것을 고르세요.

① ★ ② ● ③ ◆ ④ ▲ ⑤ ■

어떻게 풀까요?

동화에 나온 모양은 ▲, ■, ●입니다.

01 〈보기〉와 같은 모양을 가진 물건에 ○표 하세요.

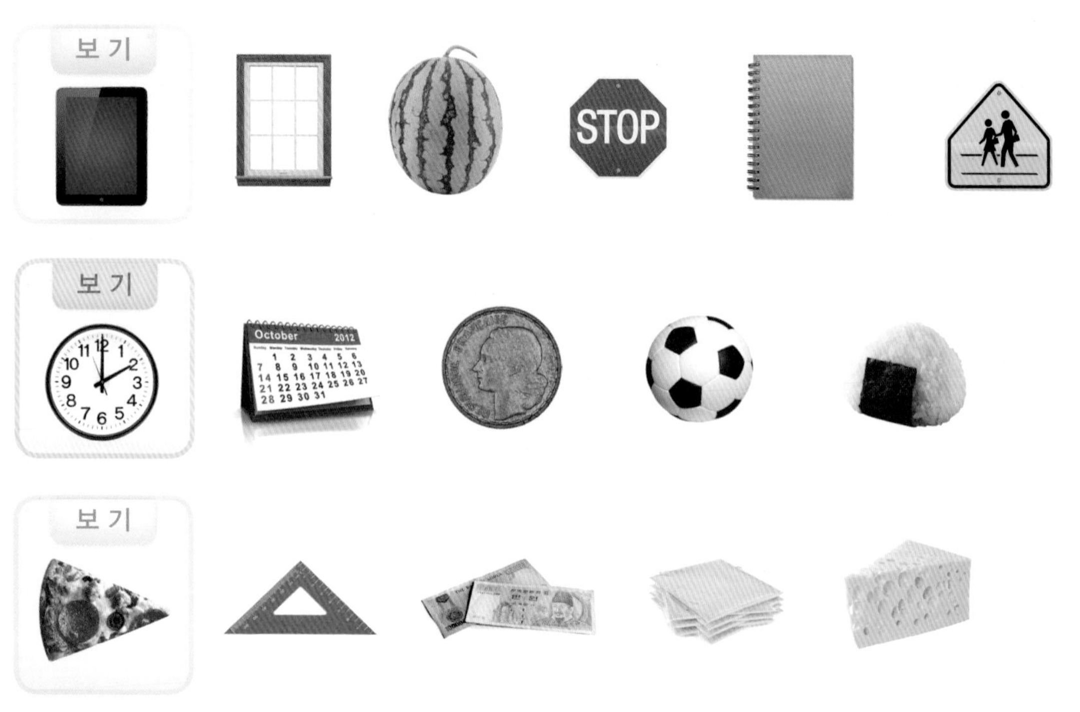

02 내 주변의 물건을 살펴보고, 아래 모양과 같은 물건의 이름을 두 개씩 적어 보세요.

▲ : (,   ) ● : (,   ) ■ : (,   )

〈보기〉의 냄비에 맞는 뚜껑 모양을 고르세요.

① ★ ② ● ③ ◆ ④ ▲ ⑤ ■

냄비에 맞는 뚜껑 그림은 ● 모양입니다.

03 아래의 자물쇠에 맞는 열쇠를 찾아 연결하세요.

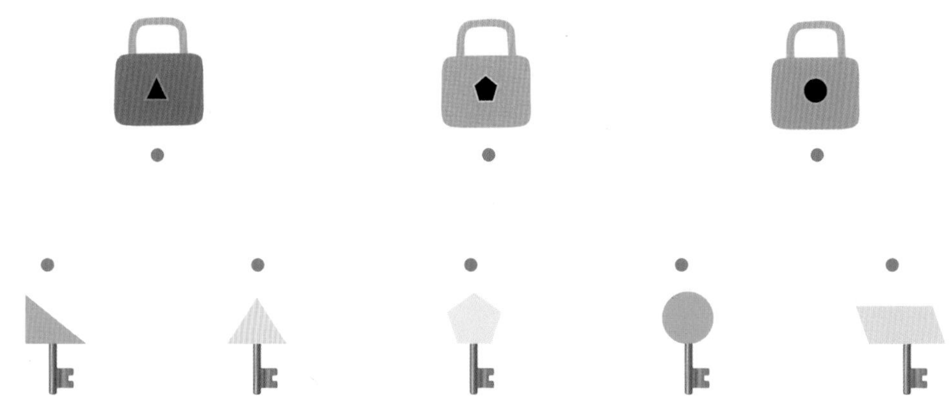

04 아래의 그림에 사용된 도형으로 맞는 것에 ○표 하세요.

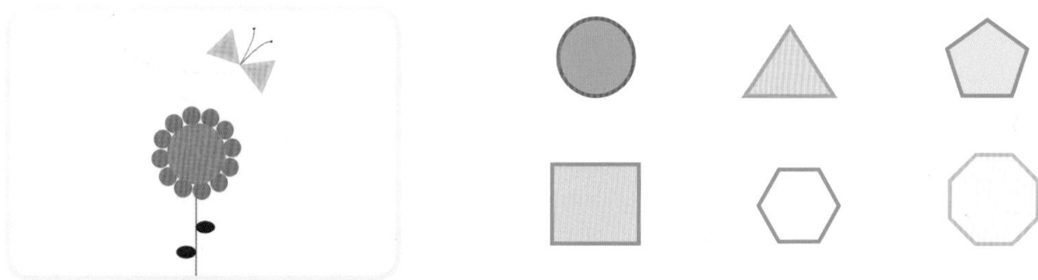

01 변덕쟁이 공주의 궁전 건축 의뢰서가 왔어요. 건축가가 되어 주문에 맞게 집을 지어 보세요.

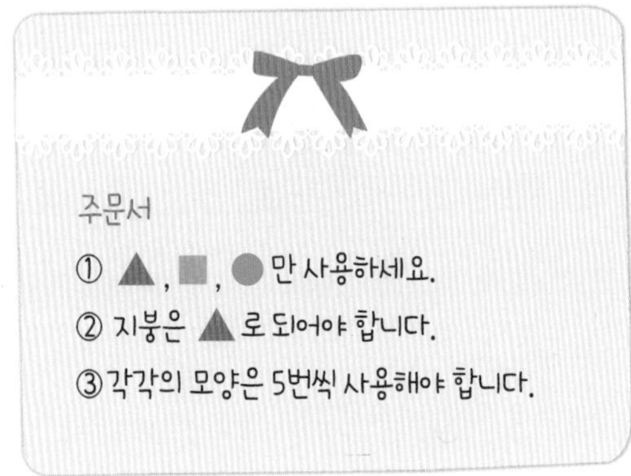

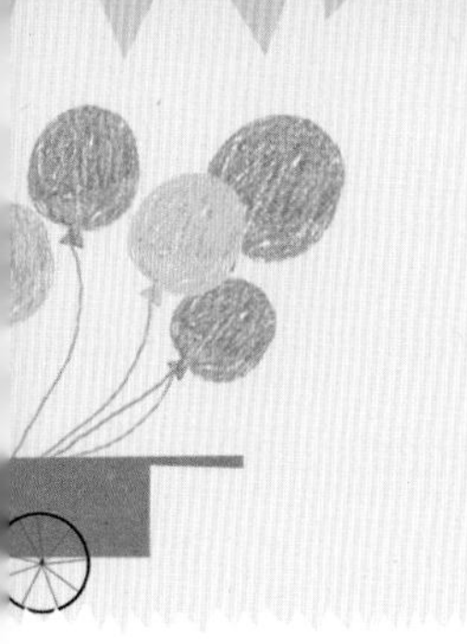

02 다음의 모양에서 ▲, ■, ● 개수를 찾아 적어보세요.

▲ : (   )개   ■ : (   )개   ● : (   )개

5 측정

비교하기

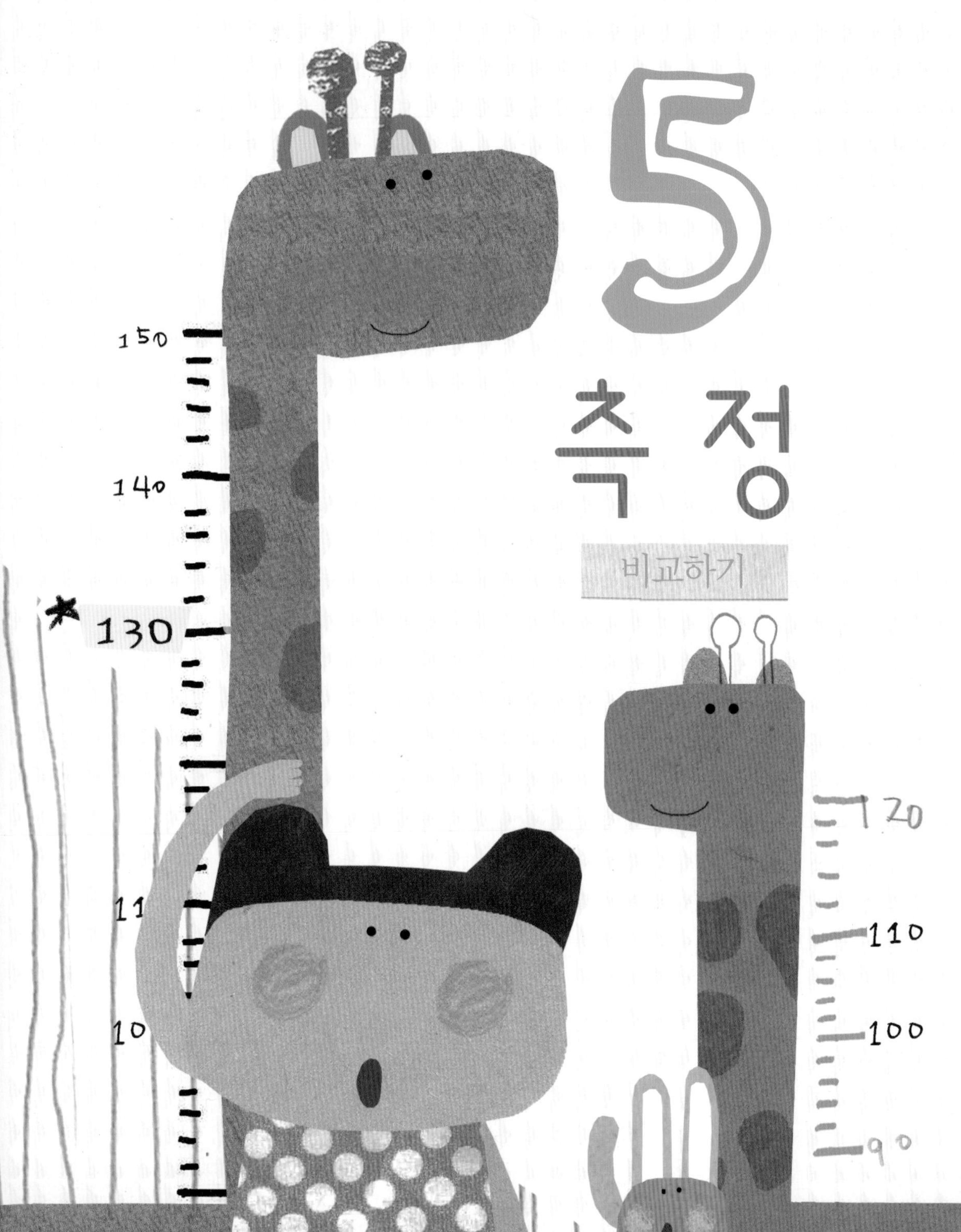

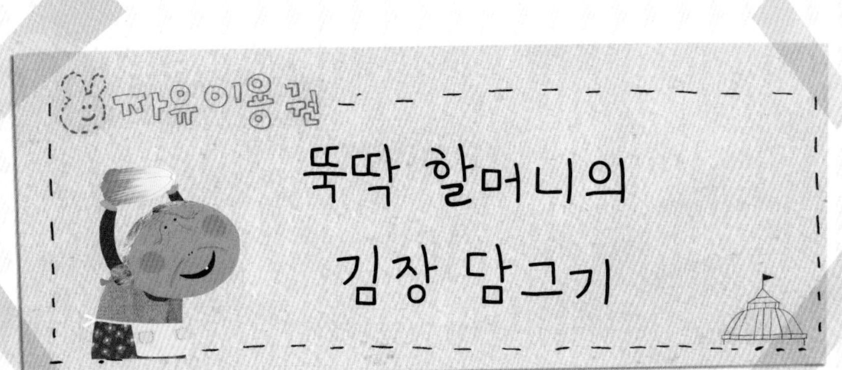

뚝딱 할머니의 김장 담그기

1학년 1학기 4단원 비교하기

1 비교하기의 의미와 필요성 인식

2 길이를 비교하여 비교하는 말로 표현하기

3 높이나 키를 비교하여 비교하는 말로 표현하기

4 무게를 비교하여 비교하는 말로 표현하기

5 넓이를 비교하여 비교하는 말로 표현하기

6 들이를 비교하여 비교하는 말로 표현하기

뚝딱 할머니가 부엌에서 김치를 담가요.
무를 뚝딱 자르고,
당근이랑 양파도 뚝딱!
양념에 골고루 버무린 고춧가루도 준비하지요.
차곡차곡 쌓아 둔 배추에다 준비한 재료를 넣고
골고루 버무리면 맛있는 김치 완성!
온 마을 사람들은 물론이고
온 숲 동물들이 나눠 먹고도 남아
땅에 묻어두고 두고두고 먹을 김치.
오늘 그 김치를 담글 거예요.

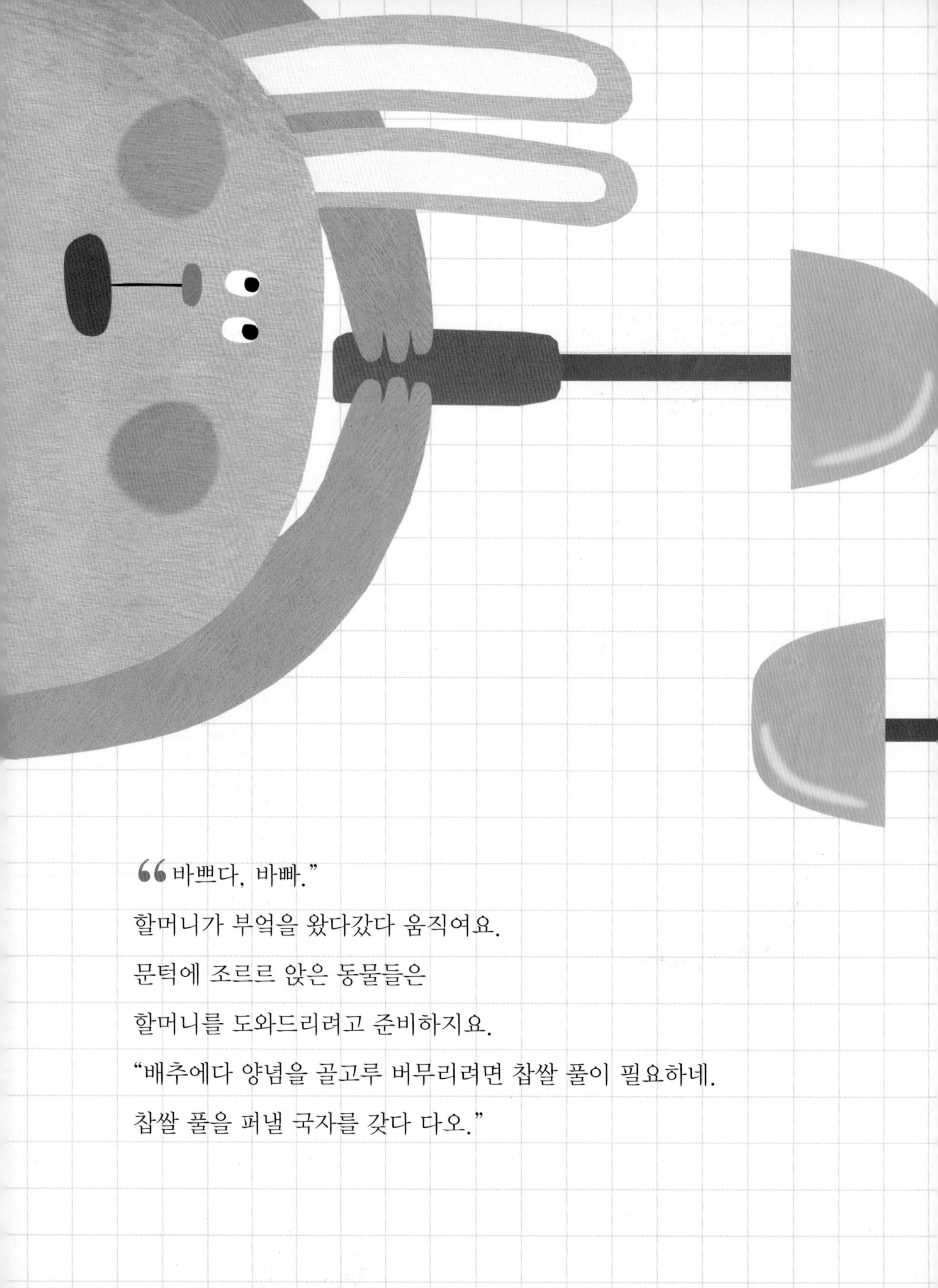

“바쁘다, 바빠.”

할머니가 부엌을 왔다갔다 움직여요.

문턱에 조르르 앉은 동물들은

할머니를 도와드리려고 준비하지요.

“배추에다 양념을 골고루 버무리려면 찹쌀 풀이 필요하네.

찹쌀 풀을 퍼낼 국자를 갖다 다오.”

너구리가 쪼르르 국자를 들고 왔어요.
토끼도 깡충깡충 뛰어가 국자를 들고 왔지요.
"할머니, 어떤 국자가 필요해요?"
"더 기다란 국자를 주렴."
너구리와 토끼는 서로 국자의 길이를 비교했어요.

국자의 길이를 비교하여 볼까요?

길이는 '길다, 짧다'라는 말로 비교해요.

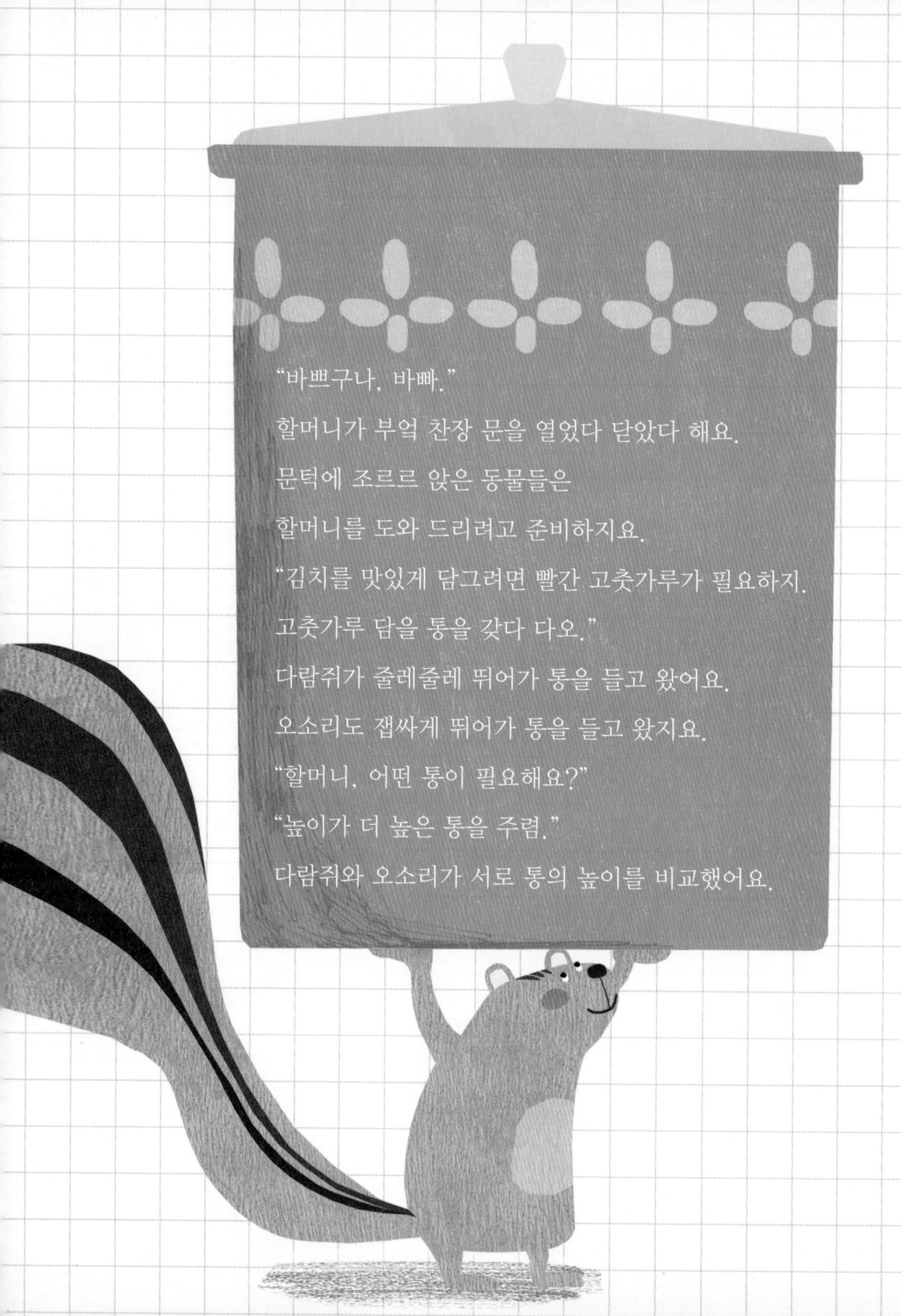

"바쁘구나, 바빠."

할머니가 부엌 찬장 문을 열었다 닫았다 해요.

문턱에 조르르 앉은 동물들은

할머니를 도와 드리려고 준비하지요.

"김치를 맛있게 담그려면 빨간 고춧가루가 필요하지.

고춧가루 담을 통을 갖다 다오."

다람쥐가 줄레줄레 뛰어가 통을 들고 왔어요.

오소리도 잽싸게 뛰어가 통을 들고 왔지요.

"할머니, 어떤 통이 필요해요?"

"높이가 더 높은 통을 주렴."

다람쥐와 오소리가 서로 통의 높이를 비교했어요.

통의 높이를 비교하여 볼까요?

 은 보다 높아요.

 은 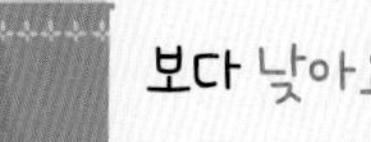 보다 낮아요.

높이는 '높다, 낮다'라는 말로 비교해요.
키는 '크다, 작다'라는 말로 비교해요.

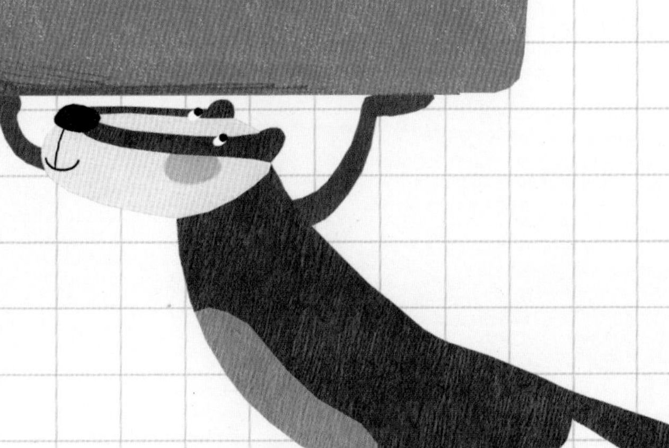

찹쌀 풀도 준비됐고
고춧가루 양념도 준비됐어요.
뚝딱 할머니는 배추를 가져다가 양념을 버무릴 준비를 했지요.
문턱에 조르르 앉은 동물들은 할머니를 도와 드리려고 준비하지요.
"이제 소금에 절여 둔 배추를 갖고 오렴."
호랑이가 겅중겅중 뛰어가 배추를 들고 왔어요.
곰도 어슬렁어슬렁 걸어가 배추를 들고 왔지요.
"할머니, 어떤 배추가 필요해요?"
"속이 꽉 찬 배추가 필요하단다. 더 무거운 배추를 내게 주렴."
호랑이랑 곰이 서로 배추의 무게를 비교했어요.

배추의 무게를 비교하여 볼까요?

 배추는 배추보다 무거워요.

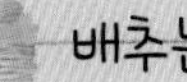 배추는  배추보다 가벼워요.

무게는 '무겁다, 가볍다'라는 말로 비교해요.

배추를 양념에 버무리려던 뚝딱 할머니가 "아차!" 하고 외쳤어요.

문턱에 조르르 앉은 동물들이 모두 할머니를 보았지요.

"에구머니, 내 정신 좀 보게.

배추를 양념에 버무리려면 넓은 통이 필요하단다."

그 말에 여우가 후다닥 뛰어가 통을 가져왔어요.

수달도 뒤뚱뒤뚱 걸어가 통을 가져왔지요.

"할머니, 어떤 통이 필요해요?"

"넓으면 넓을수록 좋단다."

여우랑 수달은 서로 가져온 통의 넓이를 비교했어요.

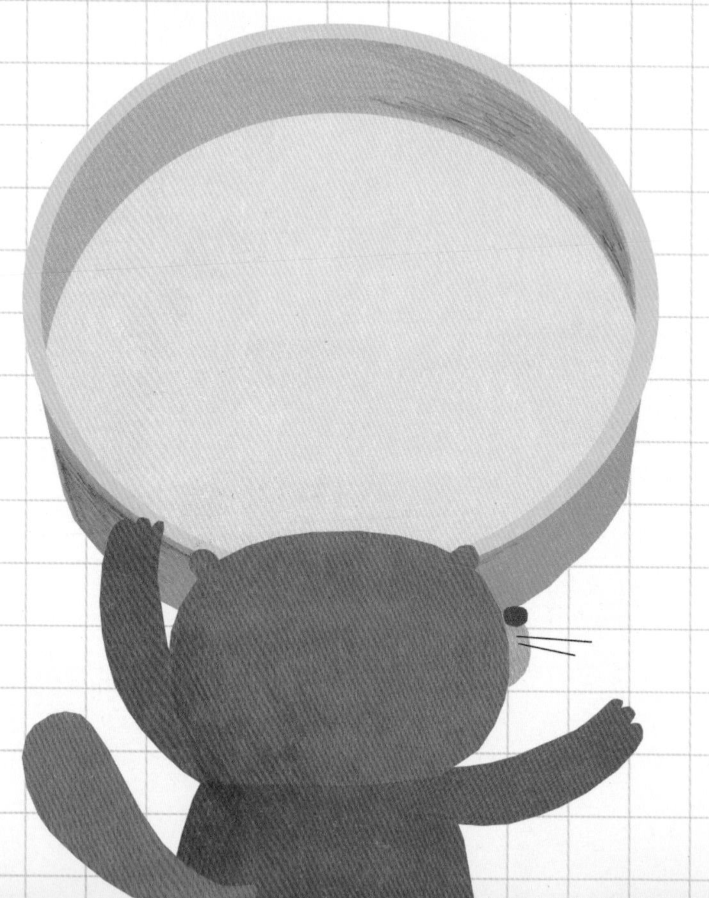

통의 넓이를 비교하여 볼까요?

( ) 은 ( ) 보다 넓어요.

( ) 은 ( ) 보다 좁아요.

넓이는 '넓다, 좁다'라는 말로 비교해요.

뚝딱 할머니가 동치미를 담으려고 해요.
무를 썰어 넣고, 부추도 넣고,
오이도 썰어 넣고, 배도 넣고.
이제 시원한 약수 물을 붓고,
익기만 기다리면 아삭아삭하고 달콤한 동치미가 완성되지요.
"자, 누가 가서 약수 물 좀 떠오겠니?"

물의 양을 비교하여 볼까요?

 은 보다 물을 더 많이 담을 수 있어요.

 은 보다 물을 더 적게 담을 수 있어요.

어느 정도의 양이 들어가는지 비교하는 것을 '들이'라고 해요.

날쌘 올빼미가 후다닥 날아갔어요.
잽싼 노루가 사뿐사뿐 뛰어갔지요.
"할머니, 물이 얼마나 필요하세요?"
"많으면 많을수록 좋단다."
올빼미랑 노루가 서로 떠 온
물의 양을 비교했어요.

뚝딱 할머니는 뚝딱뚝딱 김치를 버무리고,
동치미도 담갔지요.
며칠만 지나면 새콤하게 익은 김치랑
아삭아삭 시원한 동치미를 먹을 수 있을 거예요.

가장 높은 김칫독은 무엇인가요?
어떤 김칫독에 김치가 제일 많이 들어갈까요?

선생님과 함께하는 개념 정리

이 단원에서는 비교하는 말이 나옵니다.

'길다, 짧다'는 내 머리카락이 짝보다 짧다, 내 치마의 길이가 친구보다 길다고 할 때 사용합니다. 그리고 목욕하는 시간이 길다처럼 시간을 나타낼 때도 사용합니다.

'많다, 적다'는 내 연필이 동생보다 많다, 동생의 장난감이 나보다 많다, 세면대의 물이 많다로 나타낼 수 있습니다. 그리고 친구의 지우개 개수가 나보다 적다로 쓸 수 있습니다.

'무겁다, 가볍다'는 친구의 가방이 내 가방보다 무겁다, 동생의 필통이 내 필통보다 가볍다를 나타낼 때 사용합니다.

'넓다, 좁다'는 부모님 방이 내 방보다 넓다, 교실이 운동장보다 좁다로 나타낼 수 있습니다.

이렇게 공부하면 쉬워요!

이 단원을 공부할 때는 비교하는 말을 바르고 정확하게 사용해야 합니다. 길다와 적다는 같이 쓸 수 있는 말일까요? 길다의 짝꿍말은 짧다입니다. 만약 길이가 짧은 것을 '길이가 적다'라고 사용하면 안 되겠죠? 넓다–좁다, 높다–낮다, 길다–짧다, 많다–적다 등 비교하는 말을 정확하게 쓸 수 있어야 해요.

주변을 잘 살펴보며 비교하는 놀이를 해 보세요.

친구와 동생, 누나와 함께 내 연필보다 긴 것을 찾아보거나, 짧은 것을 찾아봅시다. 먼저 3개를 찾는 사람이 이기는 거예요.

교실에 있는 독서 확인표나 상점을 보고, 나보다 책을 많이 읽은 친구를 찾아볼까요? 우리 가족의 몸무게를 재어 보고 나보다 무거운 사람과 가벼운 사람을 찾아봅시다. 친구와 시소를 타고 누가 더 무겁고 가벼운지 놀이해 봐요. 내가 가진 책 중에서 가장 표지가 넓은 책과 좁은 책을 찾아봅시다.

비교하는 말 이제 어렵지 않죠?

개념 문제로 사고력을 키워요

개념문제 〈보기〉의 비교하는 말을 사용하여 (   )를 완성하세요.

많다	넓다
적다	좁다
길다	높다
짧다	낮다
무겁다	가볍다

- 줄넘기의 길이가 연필보다 (   ).
- 10층 건물의 높이는 9층 건물의 높이보다 (   ).
- 자전거는 자동차보다 무게가 (   ).

어떻게 풀까요?

줄넘기와 연필 중에서는 줄넘기의 길이가 길고, 10층 건물은 9층보다 높으며, 자전거는 자동차보다 가볍습니다.

01 연필보다 길이가 긴 물건에 ○표 하세요.

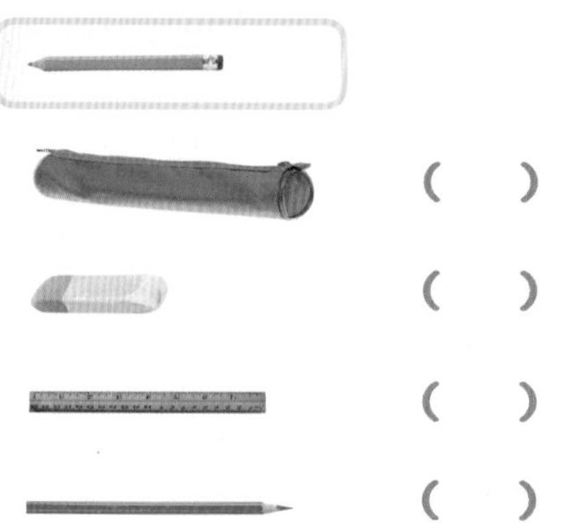

(   )
(   )
(   )
(   )

02 가장 가벼운 동물을 찾아보세요.

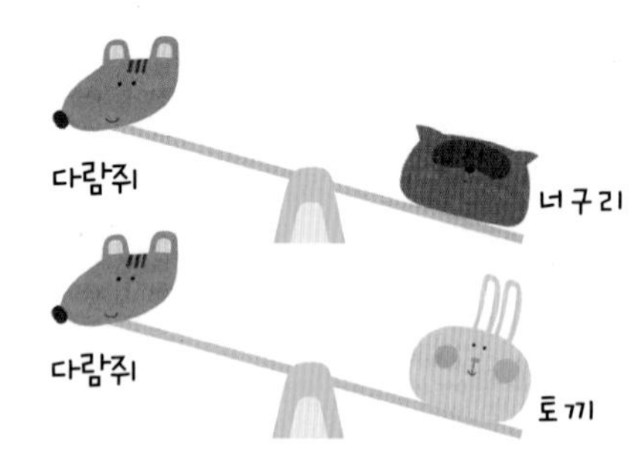

- 가장 가벼운 동물은 (   ) 입니다.

03 가장 높이가 낮은 것에 ○표 하세요.

(   ) (   ) (   ) (   ) (   )

개념문제 〈보기〉의 비교하는 말을 사용하여 (   )를 완성하세요.

짧다 높다 낮다 무겁다 가볍다 많다 적다 넓다 좁다 길다

- 교실 칠판의 넓이는 수학 책의 넓이보다 (   ).
- 컵 두 개의 물의 양은 컵 한 개의 물의 양보다 (   ).

어떻게 풀까요?

교실 칠판의 넓이는 수학 책의 넓이보다 넓고, 컵 두 개에 들어가 있는 물의 양이 컵 한 개의 물의 양보다 많습니다.

04 넓이가 좁은 물건을 찾아 ○표 하세요.

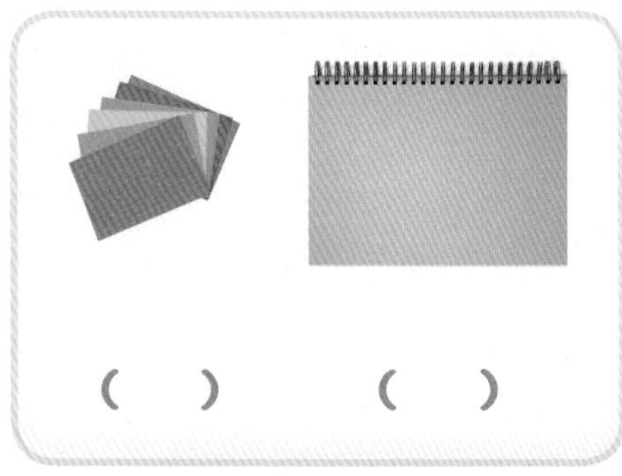

(   ) (   )

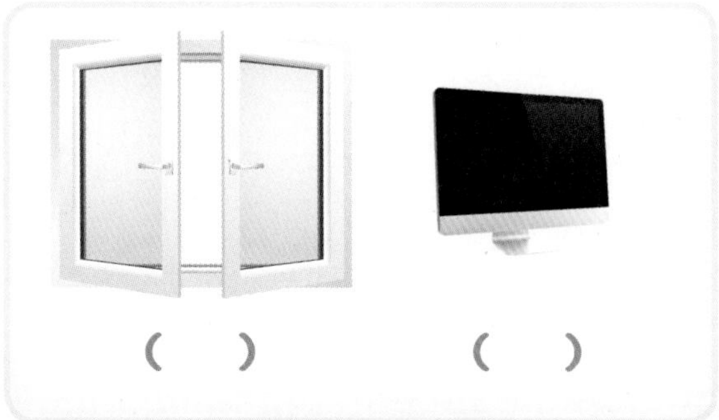

(   ) (   )

05 아래의 그림에서 물이 가장 적게 들어있는 컵을 찾아 ○표 하세요. 그리고 오른쪽 빈 컵에는 물의 양을 가장 많게 하여 그리세요.

(   ) (   ) (   )

01 오늘은 짝꿍을 바꾸는 날입니다. 선생님은 짝꿍에 대한 힌트를 주셨어요. 시소를 타고 있는 어린이 중에서 가장 무거운 어린이가 바로 짝꿍입니다.

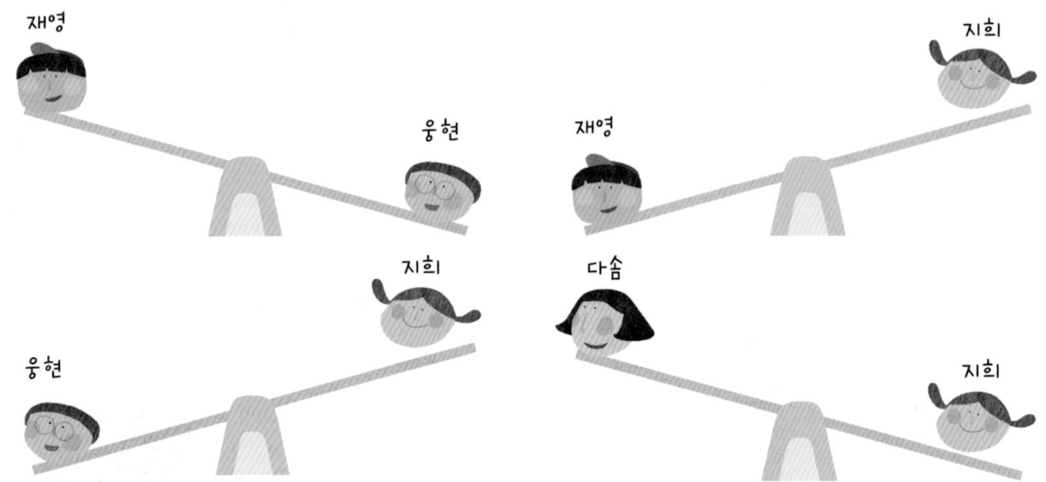

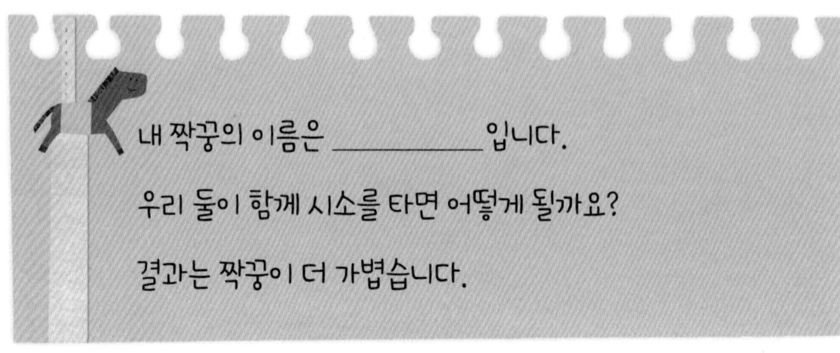

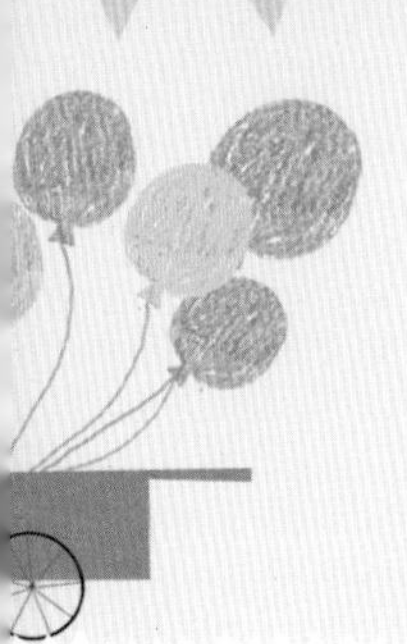

02 산타 할아버지의 크리스마스 나무를 멋지게 꾸며 봅시다. 산타 할아버지가 부탁한 내용을 보고 나무를 꾸며 주세요.

사랑하는 어린이에게

이번 크리스마스는 바빠서 크리스마스 나무를 꾸밀 수가 없구나.

내 대신 상점에 들려 가장 높이가 높은 나무를 구해

멋지게 꾸며 줄 수 있겠니?

나무 위에는 별★을 붙여 멀리 있는 사람들에게도 사랑을 나누어 주렴.

-산타 할아버지가-

정답을 확인해 볼까요?

1. 수 : 9까지의 수 p36

개념문제

01

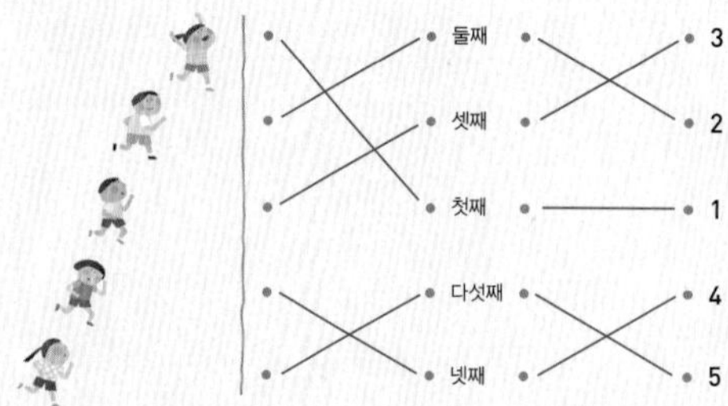

02 영수

03 5, 4, 큽니다

04 8

창의문제

01

02 ①(2,⑦) ②(4,⑤) ③(⑧,1)

수 학 은

④(3,⑥) ⑤(①,0) ⑥(⑨,3)

즐 거 워

2. 수 : 50까지의 수 p62

개념문제

01

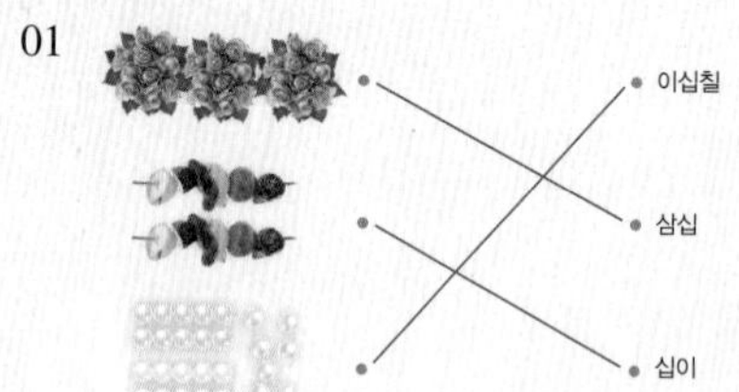

02 45권

03 ⑧ 11 | 13 ⑨ | ④ 20

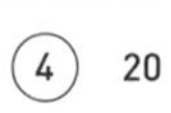

04 짝수, 홀수

창의문제

01

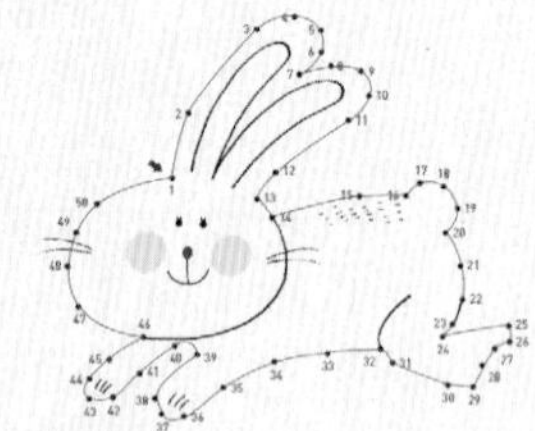

02

1	8	2	5	4	6	7
10	13	3	12	11	9	28
14	5	21	19	17	15	26
7	18	9	11	13	16	35
31	33	22	29	20	25	27
15	17	1	24	23	19	21

3. 연산 : 덧셈과 뺄셈 p96

개념문제

01 3+2=5, 3 더하기 2는 5와 같습니다

02 7

03 5+2=7, 5 더하기 2는 7과 같습니다

04 2

창의문제

01

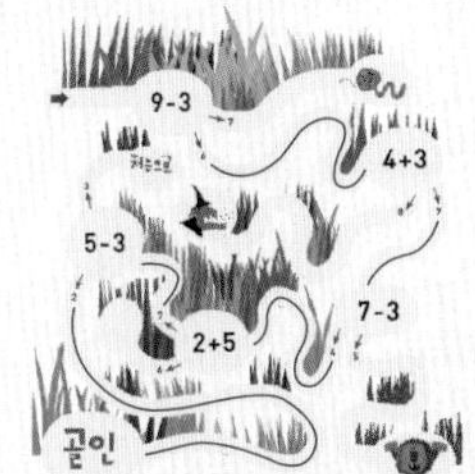

02

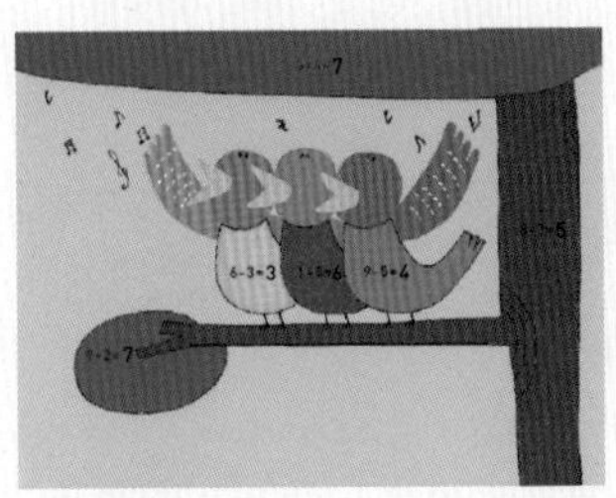

4. 도형 : 여러 가지 모양 p116

개념문제

01

 ,  , 

02 ▲: 샌드위치, 삼각자, 삼각김밥 등

●: 병뚜껑, 시계, CD 등

■: 달력, 공책, 카드 등

03

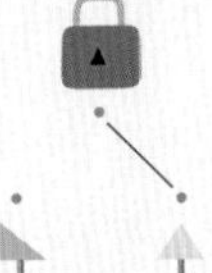  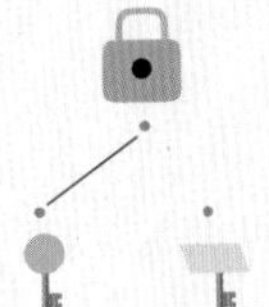

04 ●, ▲

창의문제

01 (여러분도 자유롭게 그려 보세요.)

예시

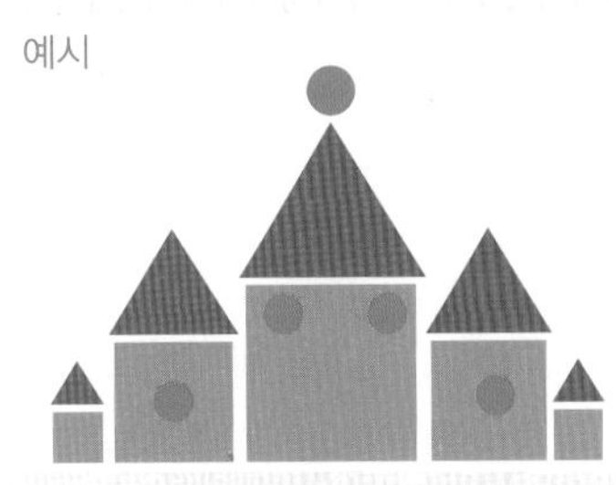

02 1, 3, 3

5. 측정: 비교하기 p138

개념문제

01 , ,

02 다람쥐

03  04  , 

05

(○) ( ) ( )

창의문제

01 웅현이

02

글 서지원 | **그림** 명진 | **감수 및 문제 출제** 김혜진, 김가희, 구미진, 최미라, 김민회
펴낸날 2013년 2월 1일 초판 1쇄 | 2013년 5월 10일 초판 2쇄
펴낸이 김상수 | **기획 · 편집** 고여주, 위혜정 | **디자인** 정진희, 김수진 | **영업 · 마케팅** 황형석, 장재혁
펴낸곳 루크하우스 | **주소** 서울시 성동구 성수 2가 3동 277-58 성수빌딩 311호 | **전화** 02)468-5057~8 | **팩스** 02)468-5051
출판등록 2010년 12월 15일 제2010-59호
www.lukhouse.com cafe.naver.com/lukhouse

ISBN 978-89-97174-44-7 64410

※ 잘못된 책은 구입처에서 바꾸어 드립니다.
※ 값은 뒷표지에 있습니다.

상상의집은 (주)루크하우스의 아동출판 브랜드입니다.